Lecture Notes in Mathematics

Edited by A. Dold and B. Eckmann

980

Lawrence Breen

Fonctions thêta et théorème du cube

Springer-Verlag
Berlin Heidelberg New York Tokyo 1983

Auteur

Lawrence Breen
Université de Rennes I
U.E.R. de Mathématiques et Informatique
Campus de Beaulieu, 35042-Rennes Cedex, France

AMS Subject Classifications (1980): 14 K 25

ISBN 3-540-12002-5 Springer-Verlag Berlin Heidelberg New York Tokyo
ISBN 0-387-12002-5 Springer-Verlag New York Heidelberg Berlin Tokyo

CIP-Kurztitelaufnahme der Deutschen Bibliothek
Breen, Lawrence: Fonctions thêta et théorème du cube / Lawrence Breen.
– Berlin; Heidelberg; New York: Springer, 1983.
(Lecture notes in mathematics; 980)
ISBN 3-540-12002-5 (Berlin, Heidelberg, New York)
ISBN 0-387-12002-5 (New York, Heidelberg, Berlin)
NE: GT

Printing and binding: Beltz Offsetdruck, Hemsbach/Bergstr.
2146/3140-543210

TABLE DES MATIÈRES

INTRODUCTION

Soient G une variété en groupes commutative, définie sur un corps algébriquement clos k, et D un diviseur de G algébriquement équivalent à zéro. Le classique théorème du carré affirme alors que l'image inverse de D par la loi de groupe $m_G : G\times G \longrightarrow G$ est linéairement équivalente au diviseur $p_1^*(D) + p_2^*(D)$ (où p_1 et p_2 désignent les projections de G^2 sur chacun de ses facteurs). Ce fait s'exprime également en considérant le torseur $L = \mathcal{O}(D)$ associé à D. Il signifie alors que le torseur induit $\Lambda(L) = m^*L \wedge p_1^*L^{-1} \wedge p_2^*L^{-1}$ sur G^2 est trivial, c'est-à-dire qu'il existe un morphisme de torseurs $m_L : L\times L \longrightarrow L$ qui relève la loi de groupe de G. Dans le cas où G est une variété abélienne, l'absence de fonctions régulières non constantes sur G implique alors que m_L satisfait à de nombreuses propriétés de compatibilité, propriétés qui sont résumées par l'assertion suivante, due à Weil, et devenu de nos jours un lieu commun : il existe une section e_L de L au dessus de k telle que m_L définisse une loi de groupe commutative sur L, d'objet neutre e_L, pour laquelle L est une extension de G par G_m.

Cette forme renforcée du théorème du carré a de nombreuses conséquences pour la géométrie du torseur L. Rappelons-en quelques unes : supposons tout d'abord que le groupe G est un produit de deux groupes commutatifs K_1 et K_2. Dans ce cas, le théorème du carré implique que la structure de L est entièrement déterminée par sa restriction à chacun des facteurs K_i de G. Une autre conséquence en est la suivante : si $0 \longrightarrow G_1 \xrightarrow{i} G_2 \xrightarrow{\pi} G_3 \longrightarrow 0$ est une suite exacte de groupes (par exemple au sens de [33] VII § 1.1 ou bien, si l'on préfère, au sens des schémas en groupes commutatifs), alors le comportement des H-torseurs sur les groupes G_i munis d'une telle structure du carré relativement aux homomorphismes i et π se lit sur la suite exacte longue des $\mathrm{Ext}^1(-,G_m)$ induite par la suite exacte en question. Enfin, voici une dernière conséquence du fait que L est munie d'une loi de groupe m_L : celle-ci induit par itération, pour tout entier n, un morphisme n_L d'élévation à la puissance n dans L qui relève le morphisme $n_G : G \longrightarrow G$ d'élévation à la puissance n dans G, c'est-à-dire qu'elle définit un morphisme de torseurs $\psi_n : L^n \longrightarrow n_G^*(L)$. On déduit alors de l'associativité et de la commutativité de la loi m_L que ψ_n est un morphisme d'extensions, et que les ψ_n sont compatibles entre eux pour les différentes valeurs de n.

Si on suppose maintenant que G est groupe algébrique commutatif quelconque (ou même un S-schéma en groupes commutatifs), la discussion précédente montre quelle est la bonne formulation du théorème du carré pour un tel G_m-torseur L au-dessus de G : c'est la donnée d'une structure de groupe sur L, qui en fasse une extension commutative de G par G_m. Les énoncés que l'on vient de rappeler ne dépendaient en effet que de cette structure de groupe de L et restent donc valables dans cette situation plus générale. On prendra toutefois garde qu'ici la forme renforcée du théorème du carré qui vient d'être énoncée n'est plus une conséquence de sa forme naïve : une loi de composition m_L n'est en effet plus nécessairement associative et commutative, comme dans le cas où G est une variété abélienne.

La question se pose alors de savoir par quelle structure il convient de remplacer, dans le cas d'un torseur L associé à un diviseur quelconque D de G , la structure d'extension de G par G_m qui vient d'être imposée à L dans le cas où D est algébriquement équivalent à zéro. La réponse en est, dans les grandes lignes, bien connue : un torseur quelconque L ne satisfait certes plus au théorème du carré, mais il possède encore pratiquement toujours une remarquable propriété du même type, celle de satisfaire au théorème du cube. Rappelons-en l'énoncé ([22] § 6 preuve du corollaire 2) : soit $\Theta(L)$ le G_m-torseur sur G^3 défini par

$$(0.1) \qquad \Theta(L) = m_{123}^*L \wedge m_{12}^*L^{-1} \wedge m_{13}^*L^{-1} \wedge m_{23}^*L^{-1} \wedge p_1^*L \wedge p_2^*L \wedge p_3^*L$$

où m_{123} (resp. m_{ij}) : $G^3 \to G$ est la flèche définie par $m_{123}(x_1,x_2,x_3) = x_1 + x_2 + x_3$ (resp. $m_{ij}(x_1,x_2,x_3) = x_i + x_j$) , et $p_i : G^3 \longrightarrow G$ désigne la projection de G^3 sur son ième facteur. Le théorème du cube affirme alors que ce torseur est trivial.

La situation est alors tout à fait analogue à celle décrite plus haut dans le cas du théorème du carré : dans le cas d'une variété abélienne, l'absence de fonctions régulières non constantes sur G implique qu'une section s du torseur $\Theta(L)$ satisfaira automatiquement à de nombreuses propriétés de compatibilité, qui devront être résumées par une forme renforcée du théorème du cube si l'on veut pouvoir les étendre au cas où G est un groupe commutatif quelconque. On commence, pour pouvoir appréhender cet énoncé renforcé, par passer du groupe de Picard de G à son groupe de Néron-Severi, c'est-à-dire qu'à partir d'un G_m-torseur $L = \mathcal{O}(D)$ sur G, on passe au torseur $\Lambda(L)$ sur G^2 décrit plus haut (ce qui revient, dans la terminologie classique, à décrire l'élément du groupe de Néron-Severi associé à L au moyen de la correspondance divisorielle symétrique définie par D). La formulation au niveau du groupe de Néron-Severi du théorème du cube renforcé s'énonce alors en termes de la notion de biextension, introduite par Mumford en [21], et donc l'étude a été reprise par Grothendieck dans [42] : c'est l'assertion que le torseur $\Lambda(L)$ peut être muni d'une structure de biextension de $G \times G$ par $\mathbb{G}_m$.

Le premier but de ce travail est de préciser comment s'énonce, au niveau du groupe de Picard de G, plutôt qu'après passage au groupe de Néron-Severi, le théorème du cube sous sa forme renforcée. Pour cela, il convient tout d'abord de raffiner la notion de biextension : en effet, si cette dernière correspondait bien à la notion de correspondance divisorielle, il nous faut examiner quel est l'analogue d'une correspondance divisorielle symétrique. On est ainsi amené à dire, pour deux schémas en groupes commutatifs G et H, ce qu'est une biextension symétrique de $G \times G$ par H. Ceci étant accompli, le théorème du cube renforcé s'obtient en examinant soigneusement quelles sont les conditions qu'impose à une section s du torseur $\Theta(L)$ le fait qu'elle définisse sur $\Lambda(L)$ une structure de biextension symétrique. On aboutit ainsi à la notion d'une structure du cube sur le torseur L, dont l'existence est la nouvelle forme du théorème du cube promise.

La catégorie CUB(G,H) des H-torseurs sur G possède d'aussi bonnes propriétés que la catégorie EXT(G,H) des extensions commutatives de G par H. La principale différence entre elles est la suivante : si cette dernière (qui décrit comme on l'a vu pour $H = G_m$ le comportement de $\mathrm{Pic}^o G$), est linéaire par rapport à G, la catégorie CUB(G,H) a un comportement quadratique en G, ce que reflète la propriété bien connue de Pic G. Ainsi, si G est un produit de deux groupes K_1 et K_2, la catégorie CUB(G,H) n'est plus décrite par sa restriction aux facteurs K_1 et K_2 de G, mais on dispose encore d'un énoncé tout aussi satisfaisant (voir le théorème 3.5). De la même manière, si $0 \longrightarrow G_1 \xrightarrow{i} G_2 \xrightarrow{\pi} G_3 \longrightarrow 0$ est une suite de schémas en groupes commutatifs, le comportement des objets des catégories $CUB(G_j, H)$ par rapport aux morphismes i et π, peut s'analyser de manière aussi précise que celui des catégories $EXT(G_j, H)$. En particulier, on obtient de cette manière un théorème de descente de la catégorie $CUB(G_2, H)$ relativement à l'épimorphisme π (proposition 3.10). Il y a également lieu de mentionner l'usage qu'à récemment fait L. Moret-Bailly, dans un contexte assez voisin du nôtre, de la notion de structure du cube introduite ici : dans un travail en préparation, il se sert de cette notion pour étendre la construction à la Mumford d'une polarisation d'une variété abélienne au cas d'une variété abélienne dégénérante définie sur un corps de fonctions (ou un corps valué).

Le principal intérêt de la notion de structure du cube est qu'elle permet de clarifier le concept de fonction thêta associée à un diviseur sur un schéma en groupes commutatif G. Un tel lien entre la théorie des fonctions thêta et le théorème du cube avait déjà été perçu par Barsotti [1], et également, sous une forme assez voisine, par Néron [24], [25]. Le point de départ pour Barsotti (qui se place dans le cas transcendant) est l'observation suivante : soient A une variété abélienne définie sur $\mathbb{C}$, de revêtement universel V et de réseau associé Λ, et θ une fonction méromorphe sur V satisfaisant à l'équation fonctionnelle habituelle pour les fonctions thêta, c'est-à-dire que

$$(0.1) \qquad \theta(v+\lambda) = F(v,\lambda)\theta(v) \qquad v \in V, \quad \lambda \in \Lambda$$

où F est une application de degré deux sur le groupe $V\times\Lambda$. Alors la fonction

$\theta(v_1,v_2,v_3)$ sur V^3 définie par

$$\theta(v_1,v_2,v_3) = \frac{\theta(v_1+v_2+v_3)\,\theta(v_1)\,\theta(v_2)\,\theta(v_3)}{\theta(v_1+v_2)\,\theta(v_1+v_3)\,\theta(v_2+v_3)} \tag{0.2}$$

qui exprime le défaut de quadraticité de la fonction $\theta(v)$ est invariante sous l'action du réseau $\Lambda^3 \subset V^3$, c'est-à-dire qu'elle provient d'une fonction méromorphe $F(x,y,z)$ définie sur A^3, et réciproquement. Cette caractérisation des fonctions thêta a été utilisée dans un cadre algébrique par V. Cristante [6]. Ce dernier explicite notamment les conditions de cocycle auxquelles doit satisfaire la fonction $F(x,y,z)$ sur A^3. En outre, il associe de manière algébrique à un diviseur D de A des fonctions thêta (définies à une exponentielle quadratique près), qui sont des éléments d'un complété convenable de l'anneau des fonctions du groupe p-divisible associé à A.

C'est ce dernier travail qui a servi de point de départ au nôtre : les fonctions $F(x,y,z)$ satisfaisant aux conditions de cocycle qui viennent d'être mentionnées ne font en effet que décrire, en termes de fonctions rationnelles sur A, la structure du cube canonique dont est pourvue le G_m-torseur $L = \mathcal{O}(D)$. La notion de fonction thêta associé à D s'explicite maintenant de la manière suivante : soit $\pi : G' \longrightarrow G$ un homomorphisme ; se donner une fonction thêta sur G' associé à un diviseur D de G dont l'image inverse par π est définie équivaut alors à choisir une trivialisation de π^*L, compatible avec la structure du cube induite par celle de L. Cette traduction étant effectuée, l'existence de fonctions thêta associées à des diviseurs D sur un schéma en groupes G est garantie par l'assertion suivante (corollaire 4.6) : pour tout entier pair 2n, et tout objet L de $\mathrm{CUB}(G,G_m)$, la restriction de l'image inverse $(2n)^*L$ de L à un sous-groupe approprié de G possède une trivialisation ; de plus, de telles trivialisations peuvent être choisies de manière compatibles lorsque n varie. A ce propos, mentionnons une étape de la démonstration de cette assertion qui est susceptible d'être d'un intérêt plus général : c'est la proposition 2.11, où sont étudiés les objets de CUB(G,H) à biextension associée triviale. On montre qu'un tel objet n'est autre qu'une extension centrale de G par H.

Ceci fournit notamment une interprétation des extensions centrales, munies d'une section du torseur sous-jacent, pour lesquelles le 2-cocycle associé est une application bi-linéaire $G \times G \longrightarrow H$: ce sont celles qui définissent des objets triviaux de CUB(G,H).

Pour aller plus loin, il est nécessaire d'étoffer la notion de structure du cube. La possibilité de le faire apparaît à l'examen de l'autre approche de la théorie algébrique des fonctions thêta, qui est due à Mumford [20]. Ce dernier montre en effet que l'on peut associer à un diviseur symétrique D sur une variété abélienne A (c'est-à-dire telle que l'image inverse i^*D de D par la loi d'inverse du groupe A est linéairement équivalente à D) une fonction thêta canonique (et non plus une fonction définie seulement à une exponentielle quadratique près). Nous reprenons ici cette question dans le cas d'un schéma en groupes commutatif quelconque G. Il nous faut tout d'abord dire quelle est la bonne notion de structure du cube pour un G_m-torseur L sur G muni d'un isomorphisme de symétrie $\lambda : i^*L \longrightarrow L$. On requiert évidemment que L soit muni d'une structure du cube au sens précédent, et que le morphisme λ soit compatible aux structures du cube (celle de sa source étant induite par la structure donnée sur L), mais ceci se révèle insuffisant, et on est amené à introduire une condition plus forte sur λ. On aboutit alors à la notion de Σ-structure sur un H-torseur symétrique L, la catégorie $\Sigma(G,H)$ de ces objets a des propriétés tout à fait similaires à celles mentionnées plus haut pour la catégorie CUB(G,H). L'existence de fonctions thêta canoniques est maintenant une conséquence du théorème 6.4 qui affirme que pour tout objet L de $\Sigma(G,H)$ et pour tout entier positif n, on peut trivialiser canoniquement $(2n)^*L$ au-dessus d'un sous-groupe approprié de G, de manière compatible à la Σ-structure induite par celle de L. On observera que les fonctions thêta ainsi obtenues l'ont été sans faire usage de groupes de Heisenberg et de leurs représentations, dont le rôle est omniprésent dans la construction décrite par Mumford (par contre, il n'est fait explicitement mention dans cette dernière ni du théorème du cube, ni de la notion de biextension : l'invention par Mumford des biextensions est du reste postérieure à son article [20]). Signalons à ce propos l'une des principales lacunes de notre théorie par rapport à celle de Mumford : nous n'abordons pas ici l'étude des relations quartiques de style Riemann entre les fonctions thêta considérées.

Les trois derniers chapitres de ce travail sont de nature accessoire, dans la mesure où l'on peut considérer le théorème 6.4 comme principal résultat. Ils illustrent, chacun à leur manière, les notions de structure du cube et de Σ-structure. Ainsi, le chapitre 7 poursuit l'examen, abordé dans la proposition 5.11, des relations entre la notion de structure du cube, ou de Σ-structure, et celle de biextension symétrique : de manière précise, on y étudie sous quelles conditions une biextension symétrique E de $G\times G$ par H provient d'un objet de $CUB(G,H)$. Il est bien connu que c'est toujours le cas lorsque G est une variété abélienne et $H = G_m$. Dans la situation générale, ce sera encore presque toujours vrai, mais pour une raison assez subtile : on associe en effet à la biextension E un champ de Picard strict d'invariants G et H, dont la trivialisation fournit l'objet du cube recherché. Par ailleurs, une variante de cette étude permet de dire sous quelles conditions E provient d'un objet de $\Sigma(G,H)$; cette question n'avait apparemment pas été étudiée jusqu'ici, même dans le cas où G est une variété abélienne et $H = G_m$.

Le chapitre 8 est consacré à une interprétation des notions de biextension symétrique, de structure du cube et de Σ-structure en termes d'algèbre homotopique, calquée sur l'interprétation correspondante qu'avait donnée Grothendieck des notions d'extension et de biextension. Son caractère abstrait risque de rebuter le lecteur, d'autant plus que sa position tardive dans cet article illustre le fait que la lecture de son contenu n'est pas indispensable à la démonstration des autres résultats obtenus ici. C'est pourquoi il convient d'attirer l'attention de celui-ci sur l'importance que revêt ce chapitre du point de vue conceptuel. On y a mis en application le principe de Grothendieck, expliqué dans [13] et [42] VII 3.3, et repris de manière succincte dans [41] XVIII suivant lequel, chaque fois qu'un objet A de la catégorie dérivée d'un topos T admet une représentation explicite au moyen d'un complexe $K_.$, dont chaque composante K_i est une somme directe de termes de la forme $\mathbb{Z}[X]$ pour des objets X de T, alors les tronqués de l'objet Rhom(A,B) de la catégorie dérivée admettent, pour tout groupe abélien B de T, une description géométrique tout à fait explicite. Dans le cas qui nous concerne, ce sont la proposition 8.4 et le théorème 8.9 qui expliquent quels sont les objets de la catégorie dérivée correspondant aux objets géométriques introduits ci-dessus. Ce dictionnaire suggère alors la plupart des énoncés de ce texte, ainsi que, dans une certaine mesure, leur démonstration (voir à ce propos les remarques 8.10 et 9.6 iii)). Il apporte notamment la certitude que les notions de structure du cube et de Σ-structures introduites ici sont les variantes optimales du théorème du cube usuel, en ce sens qu'on a pas oublié, dans leur définition, un quelconque élément de structure supplémentaire.

Enfin, le chapitre 9 est consacré à une variante du théorème du coefficient universel par lequel Grothendieck explique en [42] VIII 2.3, quelle est la signification homologique du classique "e_n-pairing" de Weil. Ici, c'est l'invariant quadratique e_*^L associé par Mumford à la donnée d'un faisceau inversible symétrique sur une variété abélienne qui est interprété de manière homologique. Pour cela, il faut calculer des foncteurs dérivés du foncteur $\Gamma_2(\ )$, composante de degré deux de l'algèbre à puissances divisées. Ces foncteurs dérivés sont équivalents à des foncteurs connus des topologues (voir la remarque 9.6. i ci-dessous), mais qui n'avaient guère fait l'objet d'une étude détaillée ; c'est pourquoi il a été nécessaire d'en reprendre ici le calcul d'une manière directe.

Cette recherche a été effectuée dans le cadre du laboratoire associé au C.N.R.S. n° 305 à l'Université de Rennes. Je tiens également à remercier ici l'Université du Michigan (Ann Arbor) pour l'accueil que j'ai reçu lors d'une visite. Les bonnes conditions de travail dont j'y ai disposé m'ont été très utiles pour mener à bien une partie de son élaboration. La frappe du manuscrit a été effectuée à Rennes par Mme Y. BRUNEL. Je lui suis reconnaissant pour sa patience et pour le soin qu'elle a mis à l'exécution de ce travail.

J'ai le plaisir de remercier ici A.K. BOUSFIELD pour son aide concernant les foncteurs dérivés de foncteurs non-additifs et G. CHUDNOVSKI, L. MORET-BAILLY et P. NORMAN pour des discussions et de la correspondance sur divers aspects de la théorie des fonctions thêta. Les commentaires de O. GABBER, lors d'une série d'exposés oraux, m'ont par ailleurs permis d'éviter certains écueils. La théorie présentée ici prend, dans une certaine mesure le contre-pied de celle de D. MUMFORD sur le même sujet. Je lui suis reconnaissant pour l'aide et les encouragements qu'il m'a prodigués pendant son élaboration. Enfin, c'est à diverses étapes de la préparation de ce travail que j'ai eu d'amicales et stimulantes conversations avec V. CRISTANTE.

§ 1. Biextensions symétriques.

La notion de biextension a été introduite par Mumford dans [21], qui demeure la meilleure référence pour un lecteur désireux de se familiariser avec cette notion. La description moins imagée de [42] VII est celle qui nous servira de point de départ. Aussi commençons nous, pour fixer les notations, par la passer en revue. Nous introduisons ensuite la notion de biextension symétrique, et en étudions diverses propriétés.

La notation suivante sera employée dans tout ce texte : pour tout groupe abélien P d'un topos T et toute partie I d'un ensemble fini E, $p_{E,I}$ (ou plutôt p_I) désigne la projection canonique $P^E \longrightarrow P^I$, alors que $p = p_\emptyset$ est la projection de P^E sur l'objet final de T. De même, s_I désignera la section canonique de p_I, mais on notera le plus souvent e, plutôt que $s = s_\emptyset$ l'élément neutre de P^E. Enfin, si $m = m_P$ désigne la loi de groupe de P et ses itérés, $m_I : P^E \longrightarrow P$ est la loi d'addition partielle définie par $m_I = m \circ p_I$.

1.1. Soient P,Q,H trois groupes abéliens d'un $\underline{U}$-topos T. Une biextension de (P,Q) par H est définie par la donnée d'un H-torseur E sur $P \times Q$ et de sections des H-torseurs induits $(m_P \times 1)^* E \wedge p_{13}^* E^{-1} \wedge p_{23}^* E^{-1}$ et $(1 \times m_Q)^* E \wedge p_{12}^* E^{-1} \wedge p_{13}^* E^{-1}$ sur $P \times P \times Q$ et $P \times Q \times Q$ respectivement. Il sera commode, ici et dans tout ce qui suit, de désigner les torseurs, et les morphismes entre eux, en termes de leur restriction au-dessus d'un point général de la base. Ainsi désigne-t-on par

$$c_{p;q,q'} : E_{p,q} E_{p,q'} \longrightarrow E_{p,q+q'} \tag{1.1.1}$$

et par

$$c_{p,p';q} : E_{p,q} E_{p',q} \longrightarrow E_{p+p',q} \tag{1.1.2}$$

les lois de composition partielles $\underset{1}{+}$ et $\underset{2}{+}$ sur E que ces sections définissent. Elles sont astreintes à satisfaire à des conditions d'associativité, qui s'énoncent par la commutativité des diagrammes de torseurs suivants, que nous appellerons respectivement $\nabla_{p;q,q',q''}$ et $\nabla_{p,p',p'';q}$:

(1.1.3)
$$\begin{array}{ccc}
E_{p,q}E_{p,q'}E_{p,q''} & \xrightarrow{c_{p;q,q'}\wedge 1} & E_{p,q+q'}E_{p,q''} \\
{\scriptstyle 1\wedge c_{p;q',q''}}\downarrow & & \downarrow{\scriptstyle c_{p;q+q',q''}} \\
E_{p,q}E_{p,q'+q''} & \xrightarrow[c_{p;q,q'+q''}]{} & E_{p,q+q'+q''}
\end{array}$$

(1.1.4)
$$\begin{array}{ccc}
E_{p,q}E_{p',q}E_{p'',q} & \xrightarrow{c_{p,p';q}\wedge 1} & E_{p+p',q}E_{p'',q} \\
{\scriptstyle 1\wedge c_{p',p'';q}}\downarrow & & \downarrow{\scriptstyle c_{p+p',p'';q}} \\
E_{p,q}E_{p'+p'',q} & \xrightarrow[c_{p,p'+p'';q}]{} & E_{p+p'+p'',q}
\end{array} .$$

Les lois (1.1) et (1.2) doivent également vérifier des conditions de commutativité, qui s'expriment par la commutativité des diagrammes $T_{p,p';q}$ et $T_{p;q,q'}$ suivants, dans lesquels la flèche verticale de gauche est l'isomorphisme de symétrique canonique

(1.1.5)
$$\begin{array}{ccc}
E_{p',q}E_{p,q} & \xrightarrow{c_{p',p;q}} & E_{p'+p,q} \\
\downarrow & & \| \\
E_{p,q}E_{p',q} & \xrightarrow[c_{p,p';q}]{} & E_{p+p',q}
\end{array}
\qquad
\begin{array}{ccc}
E_{p,q'}E_{p,q} & \xrightarrow{c_{p;q',q}} & E_{p,q'+q} \\
\downarrow & & \| \\
E_{p,q}E_{p,q'} & \xrightarrow[c_{p;q,q'}]{} & E_{p,q+q'}
\end{array}$$

Enfin, la compatibilité entre elles de ces deux lois de composition est exprimée par la commutativité du diagramme $S_{p,p';q,q'}$ suivant, dans lequel la flèche oblique est l'isomorphisme canonique de symétrie :

(1.1.6)
$$\begin{array}{ccc}
 & E_{p,q}E_{p,q'}E_{p',q}E_{p',q'} \xrightarrow{\;c_{p;q,q'}\wedge c_{p';q,q'}\;} & E_{p,q+q'}E_{p',q+q'} \\
 & \nearrow & \\
E_{p,q}E_{p',q}E_{p,q'}E_{p',q'} & & \Big\downarrow c_{p,p';q+q'} \\
c_{p,p';q}\wedge c_{p,p';q'}\Big\downarrow & & \\
E_{p+p',q}E_{p+p',q'} & \xrightarrow{\;c_{p+p';q,q'}\;} & E_{p+p',q'+q'}
\end{array}$$
.

Un morphisme de biextensions $f : E \longrightarrow F$ est un morphisme entre les H-torseurs sur $P\times Q$ sous-jacents, qui est compatible aux lois de groupes partielles, c'est-à-dire tel que les diagrammes $\mathfrak{D}(f)_{p,p';q}$ et $\mathfrak{D}(f)_{p;q,q'}$ suivants

(1.1.7)
$$\begin{array}{ccc}
E_{p,q}E_{p',q} & \xrightarrow{\;f\wedge f\;} & F_{p,q}F_{p',q} \\
c_{p,p';q}\Big\downarrow & & \Big\downarrow c_{p,p';q} \\
E_{p+p',q} & \xrightarrow{\;f\;} & F_{p+p',q}
\end{array}
\qquad
\begin{array}{ccc}
F_{p,q}E_{p,q'} & \xrightarrow{\;f\wedge f\;} & F_{p,q}F_{p,q'} \\
c_{p;q,q'}\Big\downarrow & & \Big\downarrow c_{p;q,q'} \\
E_{p,q+q'} & \xrightarrow{\;f\;} & F_{p,q+q'}
\end{array}$$

soient commutatifs.

De telles biextensions définissent une catégorie de Picard stricte BIEXT(P,Q;H) (au sens de [41]), pour laquelle l'objet neutre est le H-torseur trivial $\underline{0}$ sur $P\times Q$, muni des lois de groupes partielles provenant des sections $c_{p,p';q}$ et $c_{p;q,q'}$ induites sur les torseurs correspondants par la section canonique de $\underline{0}$. On appelle trivialisation d'une biextension E (ou encore trivialisation du torseur E compatible à la structure de biextension) la donnée d'un morphisme de biextensions $\underline{0} \longrightarrow E$, c'est-à-dire d'une section $t : P\times Q \longrightarrow E$ du torseur sous-jacent à E telle que

(1.1.8)
$$c_{p,p';q} = t(p+p',q)t(p,q)^{-1}t(p',q)^{-1}$$

(1.1.9)
$$c_{p;q,q'} = t(p,q+q')t(p,q)^{-1}t(p,q')^{-1} .$$

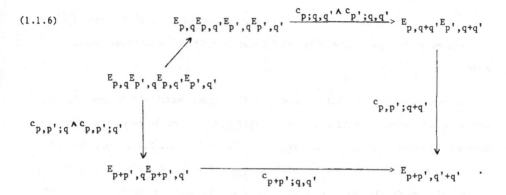

Ainsi, la donnée d'un automorphisme de la biextension triviale $\underline{O}$ (ou encore d'une biextension quelconque E de P,Q par H), équivaut à celle d'un morphisme bilinéaire $P \times Q \longrightarrow H$.

Si maintenant on se localise au-dessus d'un objet variable S du topos T, on obtient ainsi un champ de Picard strict $\underline{\mathrm{BIEXT}}(P,Q;H)$ dont la catégorie fibre au-dessus de S est la catégorie $\mathrm{BIEXT}(P_S, Q_S; H_S)$ (voir [42] VII 2.8), champ dont les invariants sont respectivement le faisceau $\underline{\mathrm{Biext}}^1(P,Q;H)$ des classes locales d'isomorphismes de biextensions de P, Q par H est le faisceau $\underline{\mathrm{Hom}}(P \otimes Q\ ;\ H)$ des applications bilinéaires de $P \times Q$ vers H.

1.2. Il est élémentaire que la catégorie $\mathrm{BIEXT}(P,Q\,;\,H)$ se comporte de manière additive par rapport à la variable H, puisque c'est le cas des structures qui interviennent dans sa définition. Plus intéressant est le fait, mentionné en [42] VII 2.6, que cette catégorie est additive par rapport à chacune des variables P et Q. L'additivité par rapport à P s'exprime ainsi : pour tout objet E de $\mathrm{BIEXT}(P,Q\,;\,H)$, le morphisme de H-torseurs sur $P \times P \times Q$

(1.2.1)
$$(p_1 \times 1)^* E \wedge (p_2 \times 1)^* E \longrightarrow (m_p \times 1)^* E$$

défini par la loi partielle $\underset{2}{+}$ est un morphisme de biextensions. La commutativité du premier diagramme (1.1.7) pour ce morphisme résulte de l'associativité et de la commutativité de $\underset{2}{+}$ (par le raisonnement qui montre qu'une loi de groupe commutative est un homomorphisme), tandis que celle du second diagramme (1.1.7) provient de la compatibilité de $\underset{2}{+}$ à $\underset{1}{+}$.

On en déduit, en considérant pour toute paire d'homomorphismes $f,g : P' \longrightarrow P$, l'image inverse de (1.2.1) par la flèche $P' \times Q \longrightarrow P \times P \times Q$ qui envoie (p',q) vers $(f(p'),g(p'),q)$ un morphisme

(1.2.2)
$$(f \times 1)^* E \wedge (g \times 1)^* E \longrightarrow ((f+g) \times 1)^* E$$

dans $\mathrm{BIEXT}(P',Q;H)$, ce qui exprime bien l'additivité de $\mathrm{BIEXT}(P,Q;H)$ par rapport à la variable P. De la même façon, on déduit du morphisme similaire à (1.2.1) défini par $+_1$ l'additivité de BIEXT(P,Q;H) par rapport à Q.

Exemple : Soient $f : P \longrightarrow P$ la flèche identique et $g = 0$ la flèche nulle. La flèche (1.2.2) définit alors une trivialisation de la biextension $(0\times 1)^*E$. On obtient de manière analogue une trivialisation de $(1\times 0)^*E$.

Une autre manière de formuler l'additivité de BIEXT(P,Q;H) par rapport à P est la suivante : on considère la paire de foncteurs additifs

(1.2.3) $$\mathrm{BIEXT}(P_1\times P_2,Q;H) \underset{G}{\overset{F}{\rightleftarrows}} \mathrm{BIEXT}(P_1,Q;H) \times \mathrm{BIEXT}(P_2,Q;H)$$

définie par

$$F(E) = ((s_1\times 1)^*E\ ,\ (s_2\times 1)^*E)$$

$$G(E_1,E_2) = (p_1\times 1)^*E \wedge (p_2\times 1)^*E\ .$$

Des relations canonique entre les projections p_i et leurs sections s_i qui décrivent $P_1\times P_2$ comme somme directe de ses facteurs, et des considérations précédentes, on déduit des isomorphismes canoniques de foncteurs $1 \xrightarrow{\sim} FG$ et $GF \xrightarrow{\sim} 1$. Ainsi les foncteurs (1.2.3) définissent une équivalence entre les catégories de Picard qu'ils relient. L'additivité de BIEXT(P,Q;H) par rapport à Q s'exprime de manière similaire.

Ces constructions nous permettent de décomposer, de deux manières distinctes, la catégorie de Picard $\mathrm{BIEXT}(P_1\times Q_2,Q_1\times Q_2\ ;\ H)$:

(1.2.4) $$\mathrm{BIEXT}(P_1\times P_2,Q_1\times Q_2;H) \underset{G}{\overset{F}{\rightleftarrows}} \mathrm{BIEXT}(P_1;Q_1;H)\times \mathrm{BIEXT}(P_1,Q_2;H)$$
$$\times\ \mathrm{BIEXT}(P_2,Q_1\ ;\ H)\ \times\ \mathrm{BIEXT}(P_2,Q_2;H)\ ,$$

et la compatibilité (1.1.6) des lois partielles implique que les deux procédés de décomposition en question sont en fait équivalents.

On déduit de (1.2.4) la conséquence suivante : soient E un objet de BIEXT(P,Q;H) et $E_1 = (m_P\times m_Q)^*E$ la biextension induite de $(P\times P,Q\times Q)$ par H. L'isomorphisme canonique de biextensions $E_1 \longrightarrow G\,F\,E_1$ défini par l'équivalence (1.2.4) s'explicite ainsi : c'est l'isomorphisme de biextension

$$(1.2.5) \qquad (p_1\times p_1)^*E \wedge (p_1\times p_2)^*E \wedge (p_2\times p_1)^*E \wedge (p_2\times p_2)^*E \longrightarrow (m_P\times m_Q)^*E$$

défini au-dessus d'un point général (p,p',q,q') de $P^2\times Q^2$ par

(1.2.6)

$$\partial_{p,p';q,q'} : E_{p,q}E_{p,q'}E_{p',q}E_{p',q'} \xrightarrow{c_{p;q,q'}\wedge c_{p';q,q'}} E_{p,q+q'}E_{p',q+q'} \xrightarrow{c_{p,p';q+q'}} E_{p+p',q+q'}.$$

Cette flèche (qui figure dans le diagramme 1.1.6) est donc celle qui envoie une section $a \wedge b \wedge c \wedge d$ de sa source vers $(a \underset{1}{+} b) \underset{2}{+} (c \underset{1}{+} d)$. Sa donnée équivaut à celle d'un morphisme $E_{p,q'}E_{p',q} \longrightarrow E_{p+p',q+q'}E^{-1}_{p,q}E^{-1}_{p',q'}$, c'est-à-dire si s désigne le morphisme de $(P\times Q)^2$ vers lui-même qui permute les deux facteurs, à un morphisme

$$(1.2.7) \qquad \partial_E : (p_1\times p_2)^*E \wedge s^*(p_1\times p_2)^*E \longrightarrow \Lambda E$$

dans $BIEXT(P\times Q, P\times Q;H)$ (où la structure de biextension du terme de droite est celle induite par fonctorialité à partir de la structure de biextension de E).

Lorsque $P = Q$, l'image inverse par l'application diagonale $P^2 \longrightarrow P^2\times P^2$ du morphisme de torseurs sous-jacent à (1.2.5) (resp. à ∂_E) est un morphisme de H-torseurs au-dessus de $P\times P$:

$$(1.2.8) \qquad d_E : p_1^*\,\Delta E \wedge E \wedge s^*E \wedge p_2^*\,\Delta E \longrightarrow \mu^*\,\Delta E$$

(resp.

$$(1.2.9) \qquad \gamma_E : E \wedge s^*E \longrightarrow \Lambda\Delta E \qquad),$$

où, $s = P^2 \longrightarrow P^2$ est le morphisme qui permute les facteurs de P^2 tandis que pour tout H-torseur L sur P, $\Lambda(L)$ désigne le torseur sur P^2 défini par

$$\Lambda(L) = m^*L \wedge p_1^*L^{-1} \wedge p_2^*L^{-1}$$

pour $m : P^2 \longrightarrow P$ la loi de groupe de P. On vérifie que γ_E définit un morphisme entre les foncteurs additifs $E \longrightarrow E \wedge s^*E$ et $E \longrightarrow \Lambda\Delta E$ de la catégorie de Picard $BIEXT(P,P;H)$ dans elle-même, c'est-à-dire que pour toute paire d'objets

E, F de cette catégorie, le diagramme

$$\begin{array}{ccc} (E\wedge s^*E)\wedge(F\wedge s^*F) & \xrightarrow{\gamma_E\wedge\gamma_F} & \Lambda\Delta E\wedge\Lambda\Delta F \\ \downarrow & & \downarrow \\ (E\wedge F)\wedge s^*(E\wedge F) & \xrightarrow{\gamma_{E\wedge F}} & \Lambda\Delta(E\wedge F) \end{array} \tag{1.2.10}$$

dans lequel les flèches verticales sont les flèches évidentes, est commutatif. Enfin la commutativité des lois partielles $\underset{1}{+}$ et $\underset{2}{+}$ implique celle du diagramme

$$\begin{array}{ccc} s^*E\wedge E & \xrightarrow{s^*\gamma_E} & s^*\Lambda\Delta E \\ \downarrow{\scriptstyle\tau} & & \downarrow{\scriptstyle\xi_{\Delta E}} \\ E\wedge s^*E & \xrightarrow{\gamma_E} & \Lambda\Delta E \end{array} \tag{1.2.11}$$

où τ est le morphisme canonique qui permute les facteurs du produit contracté, et $\xi_L : s^*\Lambda L \longrightarrow \Lambda L$ le morphisme canonique défini par la commutativité de la loi de groupe de P.

<u>Remarque</u> 1.3 : Inversement, les morphismes de type (1.2.7) s'obtiennent à partir des morphismes (1.2.9) : soient en effet $E \in \mathrm{BIEXT}(P,Q;H)$ et $(p_1\times p_2)^*E$ son image inverse dans $\mathrm{BIEXT}(P\times Q, P\times Q\,;H)$. Alors la morphisme

$$\gamma_{(p_1\times p_2)^*E} : (p_1\times p_2)^*E\wedge s^*(p_1\times p_2)^*E \longrightarrow \Lambda\Delta(p_1\times p_2)^*E$$

s'identifie, par l'isomorphisme $E \xrightarrow{\sim} \Delta(p_1\times p_2)^*E$ induit par la relation $(p_1\times p_2)\circ\Delta = 1_{P\times Q}$, au morphisme (1.2.7), comme on le vérifie aisément en se reportant à la définition du morphisme en question.

1.4. Soit $s : Q\times P \longrightarrow P\times Q$ le morphisme qui permute les facteurs. La structure de biextension de E permet de définir une structure de biextension canonique de (Q,P) par H sur le torseur s^*E : on définit des lois de groupes partielles $c'_{p,p';q}$ et $c'_{p;q,q'}$ sur celui-ci en posant

(1.4.1) $$c'_{p,p';q} = c_{q;p,p'}$$

(1.4.2) $$c'_{p;q,q'} = c_{q,q';p} \ .$$

On vérifie que si $f : E \longrightarrow F$ est un morphisme de biextension de (P,Q) par H, le morphisme $s^*f : s^*E \longrightarrow s^*F$ induit par image inverse par le morphisme $s : Q \times P \longrightarrow P \times Q$ qui permute les facteurs, est encore un morphisme de biextensions. On dispose ainsi d'un foncteur

(1.4.3) $$s^* : \mathrm{BIEXT}(P,Q;H) \longrightarrow \mathrm{BIEXT}(Q,P;H)$$

qui respecte les structure de catégories de Picard strictes.

Supposons maintenant que $P = Q$. On appellera structure de symétrie sur un objet E de $\mathrm{BIEXT}(P,P;H)$ la donnée d'un morphisme de biextensions

$$\xi_E : s^*E \longrightarrow E$$

tel que, si $\Delta : P \longrightarrow P \times P$ est l'application diagonale, on ait la relation

(1.4.4) $$\Delta\xi_E = \gamma$$

où γ désigne l'isomorphisme canonique

(1.4.5) $$\gamma : \Delta s^*E \longrightarrow \Delta E$$

déterminé par la relation $s\Delta = \Delta$. On dit qu'une biextension E munie d'une telle structure de symétrie est une biextension symétrique (en prenant garde que cette terminologie differe de celle de loc. cit., où on appelle biextension symétrique d'une biextension quelconque E, la biextension notée s^*E ci-dessus).

Un morphisme de biextensions symétriques

$$f : (E,\xi_E) \longrightarrow (F,\xi_F)$$

consiste en la donnée d'un morphisme de biextensions $f : E \longrightarrow F$ tel que le diagramme

$$\begin{array}{ccc} s^*E & \xrightarrow{s^*f} & s^*F \\ \big\downarrow{\scriptstyle \xi_E} & & \big\downarrow{\scriptstyle \xi_F} \\ E & \xrightarrow[f]{} & F \end{array}$$

commute. La donnée d'une trivialisation $f : \underline{0} \longrightarrow E$ d'une telle biextension symétrique E est donc la donnée d'une section t de E, telle que les équations (1.1.8) et (1.1.9) soient satisfaites par t, et qu'en outre

$$\xi_E(s^*t) = t .$$

Les biextensions symétriques forment une catégorie de Picard stricte SYM BIEXT(P,P;H) (que nous noterons plutôt S(P,P ; H) ou même S(P,H)) pour laquelle le groupe des automorphismes d'un objet s'identifie au groupe des morphismes bilinéaires symétriques de $P \times P$ vers H. Le champ de Picard strict associé sera noté $\underline{S}(P,P;H)$.

Exemples 1.5.

i) Soient $\ell : P \times P \longrightarrow H$ un morphisme bilinéaire alterné, et $\underline{0}$ la biextension triviale de P^2 par H. Puisque le foncteur (1.4.3) est additif, $s^*\underline{0}$ est canoniquement isomorphe à $\underline{0}$ et à l'automorphisme de $\underline{0}$ défini par le morphisme ℓ correspond une donnée de symétrie ξ_ℓ sur la biextension triviale, qui fait de la paire $(0,\xi_\ell)$ une biextension symétrique de (P,P) par H. Celle-ci est isomorphe dans S(P,P;H) à l'objet trivial de cette catégorie si et seulement si ℓ est de la forme

$$\ell(p_1,p_2) = \ell'(p_1,p_2) - \ell'(p_2,p_1)$$

pour une application bilinéaire ℓ' de P^2 vers H.

ii) Soit (E,ξ_E) un objet de la catégorie S(P,P;H) , alors $(s^*E,s^*\xi_E)$ est également un objet de cette catégorie, et $\xi_E : s^*E \longrightarrow E$ est un morphisme de biextensions symétriques.

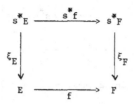

iii) Soit E un objet quelconque de BIEXT(P,P;H). On définit alors une donnée de symétrie canonique sur la biextension $E \wedge s^* E$ par le morphisme composé

$$(1.5.1) \qquad s^* E \wedge s^* s^* E \longrightarrow s^* E \wedge E \xrightarrow{\tau} E \wedge s^* E$$

où la première flèche provient de la relation $s \circ s = 1$, alors que la seconde est le morphisme $\tau = \tau_{s^* E, E}$ qui permute les facteurs du produit contracté. L'axiome des catégories de Picard strictes implique que ce morphisme satisfait bien à la condition (1.4.4).

Plus délicate à démontrer est la

<u>Proposition</u> 1.6. *Soit* (E, ξ_E) *une biextension symétrique de* (P,P) *par* H . *Alors la donnée de symétrie canonique* (1.5.1) *sur* $E \wedge s^* E$ *coïncide avec la donnée de symétrie*

$$(1.6.1) \qquad \xi_E \wedge s^* \xi_E : s^* E \wedge s^* s^* E \longrightarrow E \wedge s^* E$$

induite par ξ_E.

En effet, puisque ξ_E est un morphisme de biextensions, la fonctorialité par rapport à E du morphisme γ_E (1.2.9) fournit un diagramme commutatif

$$\begin{array}{ccc} s^* E \wedge E & \xrightarrow{\gamma_{s^* E}} & \Lambda \Delta s^* E \\ \Big\downarrow{\scriptstyle \xi_E \wedge s^* \xi_E} & & \Big\downarrow{\scriptstyle \Lambda \Delta \xi_E} \\ E \wedge s^* E & \xrightarrow{\gamma_E} & \Lambda \Delta E \end{array}$$

Par ailleurs, le diagramme de compatibilité des lois de composition $\underset{1}{+}$ et $\underset{2}{+}$ induit par image inverse par l'application diagonale $P^2 \longrightarrow P^2 \times P^2$ un diagramme équivalent à

$$(1.6.2) \qquad \begin{array}{ccc} s^* E \wedge E & \xrightarrow{\gamma_{s^* E}} & \Lambda \Delta s^* E \\ \Big\downarrow{\scriptstyle \tau} & & \Big\downarrow{\scriptstyle \Lambda \gamma} \\ E \wedge s^* E & \xrightarrow{\gamma_E} & \Lambda \Delta E \end{array}$$

Le résultat s'obtient, puisque ξ_E satisfait par hypothèse à la condition $\Delta\xi_E = \Upsilon$, de la comparaison de ces deux diagrammes.

<u>Corollaire</u> 1.7. *Soit* (E,ξ_E) *une biextension symétrique de* (P,P) *par* H . *Alors l'application composée* $s^*s^*E \xrightarrow{s^*\xi} s^*E \xrightarrow{\xi} E$ *s'identifie (par la relation* $s\circ s = 1$*) à l'application identique de* E *sur elle-même.*

Considérons en effet le diagramme de torseurs suivant (ici $\tau_{A,B} : B\wedge A \longrightarrow A\wedge B$ désigne à nouveau le morphisme canonique qui permute les termes du produit contracté) :

$$\begin{array}{ccccc}
E\wedge s^*E & \xrightarrow{s^*\xi\wedge 1} & s^*E\wedge s^*E & \xrightarrow{1\wedge\xi} & s^*E\wedge E \\
 & & \Big\downarrow \tau_{s^*E,s^*E} & & \Big\downarrow \tau_{E,s^*E} \\
 & & s^*E\wedge s^*E & \xrightarrow[\xi\wedge 1]{} & E\wedge s^*E
\end{array} .$$

Le carré commute par fonctorialité du morphisme τ et l'axiome des catégories de Picard strictes affirme que $\tau_{s^*E,s^*E} = 1$. Le corollaire se déduit donc bien de la proposition 1.6.

§ 2. Structure du cube : définitions.

Ce chapitre est consacré à passer en revue différentes descriptions d'une structure du cube. Il se termine par l'étude de deux cas particuliers : tout d'abord, si E est une biextension quelconque de (P,P) par H, le torseur ΔE, image inverse du torseur sous-jacent à E par l'application diagonale $\Delta : P \longrightarrow P^2$, est munie d'une structure du cube canonique, énoncé que renforcera d'ailleurs la proposition 5.7. L'autre cas particulier est celui des structures du cube à biextension sous-jacente triviale. On verra que ceci équivaut à la donnée d'une extension centrale de P par H.

2.1. Soient L un H-torseur sur P et $\Theta(L)$ le torseur sur P^3 défini par la formule (0.1), c'est-à-dire que pour tout point général (x,y,z) de P^3, on ait

$$(2.1.1) \qquad \Theta(L)_{x,y,z} = L_{x+y+z}L^{-1}_{x+y}L^{-1}_{x+z}L^{-1}_{y+z}L_xL_yL_z .$$

On constate, en substituant à l'un ou à plusieurs des éléments x,y,z de P^3 l'élément neutre e, qu'il existe pour $1 \leq k \leq 3$, des isomorphismes canoniques λ_k de torseurs sur P^2, compatibles entre eux :

$$(2.1.2) \qquad \lambda_k : p^*e^*L \longrightarrow \eta_k^* \,\Theta(L)$$

(où η_k est l'immersion canonique de P^2 dans P^3 définie par la section e du kième facteur de P^3). En particulier, par restriction au-dessus de l'élément neutre e_{P^3} de P^3, on dispose d'un isomorphisme canonique

$$(2.1.3) \qquad e^*L \simeq e^*_{P^3}\,\Theta(L) .$$

Le torseur $(m\times 1)^*\Lambda(L) \wedge p^*_{13}\Lambda(L)^{-1} \wedge p^*_{23}\Lambda(L)^{-1}$ sur P^3 a pour restriction à un point général (x,y,z) de P^3 l'expression

$$(2.1.4) \qquad (L_{x+y+z}L^{-1}_{x+y}L^{-1}_z)(L_{x+z}L^{-1}_xL^{-1}_z)^{-1}(L_{y+z}L^{-1}_yL^{-1}_z)^{-1} .$$

Ainsi la comparaison de (2.1.1) et de (2.1.4) révèle que le morphisme de contraction $\underline{O} \longrightarrow L_z^{-1}L_z$ définit un isomorphisme canonique

(2.1.5) $$\chi_1 : \Theta(L) \longrightarrow (m\times 1)^*\Lambda(L) \wedge p_{13}^*\Lambda(L)^{-1} \wedge p_{23}^*\Lambda(L)^{-1} .$$

On dispose également, par le raisonnement précédent, d'un isomorphisme canonique

(2.1.6) $$\lambda_k' : p^*e^*L \longrightarrow \eta_k^*((m\times 1)^*\Lambda(L) \wedge p_{13}^*\Lambda(L)^{-1} \wedge p_{23}^*\Lambda(L)^{-1})$$

et on constate que χ_1 préserve les isomorphismes λ_k et λ_k', c'est-à-dire que

(2.1.7) $$\eta_k^*(\chi_1)\lambda_k = \lambda_k' .$$

De même, la contraction $\underline{O} \longrightarrow L_x^{-1}L_x$ définit un isomorphisme canonique

(2.1.8) $$\chi_2 : \Theta(L) \longrightarrow (1\times m)^*\Lambda(L) \wedge p_{12}^* \,(L)^{-1} \wedge p_{13}^*\Lambda(L)^{-1}$$

pour lequel on a à nouveau une relation

(2.1.9) $$\eta_k^*(\chi_2)\lambda_k = \lambda_k''$$

(pour l'isomorphisme canonique $\lambda_k'' : p^*e^*L \longrightarrow \eta_k^*((1\times m)^*\Lambda(L) \wedge p_{12}^* \,(L)^{-1} \wedge p_{13}^*\Lambda(L)^{-1})$.
Enfin, le triangle commutatif suivant définit le morphisme ψ

(2.1.10) $$\begin{array}{ccc} & \Theta(L) & \\ {}^{\chi_1}\swarrow & & \searrow^{\chi_2} \\ (m\times 1)^*\Lambda(L) \wedge p_{13}^*\Lambda(L)^{-1} \wedge p_{23}^*\Lambda(L)^{-1} & \xrightarrow{\ \psi\ } & (1\times m)^*\Lambda(L) \wedge p_{12}^*\Lambda(L)^{-1} \wedge p_{13}^*\Lambda(L)^{-1} \end{array} .$$

De (2.1.7) et (2.1.9) résultent la relation $\eta_k(\psi)\lambda_k' = \lambda_k''$ pour $1 \le k \le 3$.

Choisissons maintenant, lorsqu'elle existe, une section t du torseur $\Theta(L)$. La section induite $e^*_{P^3}t$ définit, par (2.1.3) une rigidification, au sens usuel, de L, et les morphismes (2.1.2) définissent même une rigidification au sens de [30] Déf. IV 1.1.1 de $\Theta(L)$. Les sections $\chi_1(t)$ et $\chi_2(t)$ déterminent comme il a été dit en 1.1 des lois de composition partielles sur le torseur $\Lambda(L)$, lois qui sont, par (2.1.7) et (2.1.9), compatibles en un sens évident à la rigidification de L. La loi de groupe de P étant commutative, on dispose également d'un isomorphisme canonique

$$(2.1.11) \qquad \xi_L : s^*\Lambda(L) \longrightarrow \Lambda(L)$$

dont l'image inverse par l'application diagonale $\Delta : P \longrightarrow P \times P$ est l'isomorphisme canonique $\nu : \Delta^* s^* \Lambda(L) \xrightarrow{\sim} \Delta^* \Lambda(L)$ défini par la relation $s \circ \Delta = \Delta$.
Ceci suggère le définition suivante :

Définition 2.2. *Soient* L *un* H-*torseur sur* P, *et* t *une section du torseur induit* $\Theta(L)$. *On dit que* t *définit une structure du cube sur le torseur* L *si les lois de composition partielles* $s_1 = \chi_1(t)$ *et* $s_2 = \chi_2(t)$ *font de* $(\Lambda(L), \xi_L)$ *une biextension symétrique de* (P,P) *par* H.

Soient $(L, t_{\Theta(L)})$ et $(M, t_{\Theta(M)})$ deux H-torseurs sur P munis de structures du cube. Un morphisme de torseurs $\varphi : L \longrightarrow M$ est compatible aux structures du cube si le morphisme induit $\Theta(\varphi) : \Theta(L) \longrightarrow \Theta(M)$ envoie $t_{\Theta(L)}$ sur $t_{\Theta(M)}$. Il revient au même de dire que le morphisme de torseurs sur P^2

$$(2.2.1) \qquad \Lambda(\varphi) : \Lambda(L) \longrightarrow \Lambda(M)$$

induit par φ est un morphisme de biextensions (auquel cas la fonctorialité par rapport à L de l'isomorphisme de symétrie (2.1.11) implique que c'est un morphisme de biextensions symétriques).

En particulier, soit $\underline{0}$ le H-torseur trivial sur P, muni de la structure du cube triviale. On appelle trivialisation de la structure du cube (L,t), la donnée d'un morphisme de torseurs $\underline{0} \longrightarrow L$ compatible aux structures du cube, c'est-à-dire la donnée d'une section s de L au-dessus de P telle que

$$(2.2.2) \qquad s(x+y+z)s(x+y)^{-1}s(x+z)^{-1}s(y+z)^{-1}s(x)s(y)s(z) = t(x,y,z)$$

pour tout $(x,y,z) \in P^3$ (la loi de groupe de H sera désormais notée multiplicativement pour garder le cas $H = G_m$ à l'esprit, alors que la notation additive continuera à être employée pour celle de P). On dira dans ce cas que la section s de L est compatible à la structure du cube donnée t. Ainsi le groupe des automorphismes du torseur trivial $\underline{O}$, compatibles à la structure du cube, est isomorphe à celui des morphismes $\varphi : P \longrightarrow H$ tels que

$$\varphi(x+y+z)\ \varphi(x+y)^{-1}\ \varphi(x+z)^{-1}\ \varphi(y+z)^{-1}\ \varphi(x)\ \varphi(y)\ \varphi(z) = 1 \tag{2.2.3}$$

c'est-à-dire des morphismes pointés $\varphi : P \longrightarrow H$ de degré 2 (en effet cette relation implique que $\varphi(0) = 1$).

La catégorie dont les objets sont les H-torseurs sur P munis d'une structure du cube, et les flèches les morphismes de torseurs compatibles aux structures du cube est une catégorie de Picard stricte (pour la loi de groupe définie par le produit contracté des torseurs), pour laquelle l'objet neutre est $\underline{O}$ muni de la structure du cube triviale ; le groupe des automorphismes d'un objet (L,t) est isomorphe à celui des morphismes qui satisfont à la relation 2.2.3. Cette catégorie sera notée $CUB(P,H)$, et le champ de Picard strict qui s'en déduit par localisation sera désigné par $\underline{CUB}(P,H)$.

2.3. La question de l'existence d'une structure du cube est traitée de manière détaillée dans [30], [42] dans le cas le plus intéressant du point de vue géométrique, celui où $H = G_m$. La brève discussion qui suit est une simple adaptation de celle de loc. cit. à notre contexte, qui n'apporte pas de résultats nouveaux, mais qu'il a néanmoins semblé utile d'inclure ici pour la commodité du lecteur.

On remarque pour commencer que si x est la classe dans $H^1(P,H)$ d'un H-torseur L sur P, muni d'une structure du cube, alors la classe induite $\Theta(x)$ de $\Theta(L)$ dans $H^1(P^3,H)$ est nulle. Réciproquement, soit L un H-torseur sur P dont la classe $x \in H^1(P,H)$ satisfait à

$$\Theta(x) = 0 \tag{2.3.1}$$

et t une section de $\Theta(L)$ compatible à la rigidification. L'obstruction à ce que les lois de composition partielles s_1 et s_2 de $\Lambda(L)$ induites par t satisfassent aux conditions (1.1.3) - (1.1.6), est décrite par des morphismes de puissances cartésiennes de P vers H, dont la restriction à chacun des facteurs P est le morphisme nul, puisque t est compatible à la rigidification. Si P est un schéma en groupes commutatif lisse sur une base réduite S, dont les fibres aux points maximaux η de S sont connexes, et si $H = G_m$, de tels morphismes sont toujours triviaux (voir [42] VIII, preuve de 7.4). Un tel H-torseur L peut donc toujours être muni d'une structure du cube, celle-ci étant d'ailleurs dans ce cas essentiellement unique, par la même sorte d'argument.

Il reste à examiner sous quelles conditions un élément quelconque $x \in \mathrm{Pic}(P)$ satisfait à la relation (2.3.1), c'est-à-dire sous quelles conditions le torseur L correpondant satisfait au classique "théorème du cube". C'est toujours le cas lorsque $P = A$ est un S-schéma abélien : c'est alors une conséquence de la représentabilité de $\underline{\mathrm{Pic}}_{A/S}$ et de [19] cor. 6.3. Pour P quelconque, l'assertion (2.3.1) équivaut à l'affirmation que la classe $\Lambda(x)$ de $\Lambda(L)$ dans $\mathrm{Pic}(P \times P)$ est primitive par rapport à l'un des facteurs P de $P \times P$. Ceci est évidemment le cas si $\Lambda(L)$ peut être muni d'une structure de biextension. On déduit donc de [42] VIII, cor. 7.5 que c'est toujours le cas sous les hypothèses suivantes.

Proposition 2.4. *Si* P *est un schéma en groupes lisse à fibres connexes sur une base normale* S, *telle que la fibre* P *en tout point maximal* η *de* S *admette une suite de composition dont les facteurs sont des schémas abéliens, des tores, ou des groupes* G_a *; alors le foncteur oubli*

$$\mathrm{CUB}(P,H) \longrightarrow \mathrm{TORS\,RIG}(P,H) \tag{2.4.1}$$

(de but la catégorie des H*-torseurs rigidifiés sur* P*) est, pour* $H = \mathbb{G}_m$, *une équivalence de catégories.*

C'est en particulier le cas pour tout groupe commutatif lisse P défini sur une base parfaite Spec(k). Par contre, on ne sait pas si tous les faisceaux inversibles sur un groupe unipotent tordu, satisfont au théorème du cube. Nous reviendrons sur cette discussion au prochain chapitre, où nous analyserons, dans le cas où les fibres de P ne sont pas toutes connexes, l'obstruction à ce que le foncteur (2.4.1) soit essentiellement surjectif.

2.5. Par commutativité au diagramme (2.1.10), les lois de composition s_1 et s_2 sur $\Lambda(L)$ qui définissent une structure du cube sur le torseur L satisfont à

(2.5.1) $$\psi(s_1) = s_2 .$$

Inversement, toute paire de sections s_1 et s_2 des H-torseurs sur P^3 suivants

$(m\times 1)^*\Lambda(L) \wedge p_{13}^*\Lambda(L)^{-1} \wedge p_{23}^*\Lambda(L)^{-1}$ et $(1\times m)^*\Lambda(L) \wedge p_{12}^*\Lambda(L)^{-1} \wedge p_{13}^*\Lambda(L)^{-1}$,

choisie de manière à ce que la relation (2.5.1) soit satisfaite, définit une section

(2.5.2) $$t = \chi_1^{-1}(s_1) = \chi_2^{-1}(s_2)$$

de $\Theta(L)$. La condition que la loi s_1 soit associative, s'exprime en termes de t, en considérant le H-torseur $p_{234}^*\Theta(L) \wedge m_{12}^*\Theta(L)^{-1} \wedge m_{23}^*\Theta(L) \wedge p_{124}^*\Theta(L)^{-1}$ sur P^4 de valeurs $\Theta(L)_{y,z,w}\Theta(L)^{-1}_{x+y,z,w}\Theta(L)_{x,y+z,w}\Theta(L)^{-1}_{x,y,w}$ en un point (x,y,z,w) de P^4. On constate, en se reportant à la définition de $\Theta(L)$, que ce torseur possède une section canonique, section qui définit donc un isomorphisme canonique de torseurs sur P^4 :

(2.5.3) $$\alpha : \Theta(L)_{x+y,z,w}\Theta(L)_{x,y,w} \longrightarrow \Theta(L)_{y,z,w}\Theta(L)_{x,y+z,w} .$$

La condition que s_1 soit associative, équivaut à l'assertion que la section $t(y,z,w)t(x+y,z,w)^{-1}t(x,y+z,w)t(x,y,w)^{-1}$ du torseur sur P^4 mentionné coïncide avec la section canonique, c'est-à-dire, en termes de α, que

(2.5.4) $$\alpha(t(x+y,z,w)t(x,y,w)) = t(y,z,w)t(x,y+z,w) .$$

De la même manière, l'associativité de s_2 s'exprime en termes de l'isomorphisme canonique

(2.5.5) $$\beta : \Theta(L)_{x,y+z,w}\Theta(L)_{x,y,z} \longrightarrow \Theta(L)_{x,z,w}\Theta(L)_{x,y,z+w}$$

par la relation

(2.5.6) $$\beta(t(x,y+z,w)t(x,y,z)) = t(x,z,w)t(x,y,z+w) .$$

Si on définit un isomorphisme canonique γ par le diagramme commutatif

$$\begin{array}{ccc} & \Theta(L)_{y,z,w}\Theta(L)_{x,y+z,w}\Theta(L)_{x,y,z} & \\ {}^{\alpha\wedge 1}\nearrow & & \searrow^{1\wedge\beta} \\ \Theta(L)_{x+y,z,w}\Theta(L)_{x,y,w}\Theta(L)_{x,y,z} & \xrightarrow{\quad\gamma\quad} & \Theta(L)_{y,z,w}\Theta(L)_{x,z,w}\Theta(L)_{x,y,z+w} \end{array}$$

on déduit de (2.5.4) et (2.5.6) la relation

(2.5.7) $$\gamma(t(x+y,z,w)t(x,y,w)t(x,y,z)) = t(y,z,w)t(x,z,w)t(x,y,z+w) .$$

On constate, en repassant aux sections s_1 et s_2 définies par t, et en examinant le diagramme (1.1.6) que cette condition équivaut à la compatibilité des lois de groupes partielles s_1 et s_2 de $\Lambda(L)$.

De même, la commutativité des lois s_1 et s_2 s'exprime en considérant, pour toute permutation σ des facteurs de P^3, l'isomorphisme canonique

(2.5.8) $$\chi_\sigma : \sigma^*\Theta(L) \longrightarrow \Theta(L)$$

défini par la commutativité de la loi de groupe de P. Pour toute section $t = t(x_1,x_2,x_3)$ de $\Theta(L)$, on désignera (de manière compatible avec la notation utilisée ci-dessus) par $t(x_{\sigma(1)},x_{\sigma(2)},x_{\sigma(3)})$ la section σ^*t de $\sigma^*\Theta(L)$ induite par t. La commutativité de la loi s_1 (resp. s_2) équivaut alors à la relation

(2.5.9) $$\chi_{(12)}(t(x_2,x_1,x_3)) = t(x_1,x_2,x_3)$$

(2.5.10) (resp. $\chi_{(23)}(t(x_1,x_3,x_2)) = t(x_1,x_2,x_3)$).

On déduit de ces relations (par transitivité des isomorphismes χ_σ) que, pour toute permutation σ des facteurs de P^3, on a

(2.5.11) $$\chi_\sigma(t(x_{\sigma(1)},x_{\sigma(2)},x_{\sigma(3)}) = t(x_1,x_2,x_3) .$$

En particulier (2.5.9) et (2.5.10) impliquent que

$$\chi_{(123)}(t(x_2,x_3,x_1)) = t(x_1,x_2,x_3)$$

ce qui, compte tenu des définitions (1.4.1) et (1.4.2) de la loi de biextension de $s^*\Lambda(L)$, implique que le morphisme canonique (2.1.11) est un morphisme de biextensions. Enfin, de la relation (2.5.11), on déduit de manière semblable que l'associativité de l'une des deux lois de composition partielles définies par t, implique celle de l'autre.

La discussion précédente, montre que les conditions mentionnées dans la définition 2.2, sont moins contraignantes qu'il y paraît. Ceci est résumé par la proposition suivante.

Proposition 2.6. *La donnée d'une structure du cube sur un* H*-torseur* L *sur* P*, équivaut à celle de deux lois de composition partielles* s_1 *et* s_2 *sur le torseur induit* $\Lambda(L)$, *qui satisfont à la condition* (2.5.1), *et telles que* s_1 *et* s_2 *soient commutatives et que l'une d'entre elles soit associative.*

2.7. Il est un cas où la structure du cube sur un H-torseur L est particulièrement facile à décrire, c'est celui où le torseur en question possède une section s qui le trivialise (comme torseur). La trivialisation induite $\Theta(s)$ du torseur $\Theta(L)$, permet d'expliciter une section t de $\Theta(L)$ en termes d'un morphisme $F : P^3 \longrightarrow H$ (considéré comme section du H-torseur trivial sur P^3), tel que

(2.7.1) $$\Theta(s)(F) = t .$$

Les relations d'associativité (2.5.4), (2.5.6) équivalent aux conditions suivantes sur F :

(2.7.2) $$F(y,z,w)F(x+y,z,w)^{-1}F(x,y+z,w)F(x,y,w)^{-1} = 1$$

(2.7.3) $$F(x,z,w)F(x,y+z,w)^{-1}F(x,y,z+w)F(x,y,z)^{-1} = 1 ,$$

alors que la condition de commutativité (2.5.11) équivaut à la condition

(2.7.4) $$F(x_{\sigma(1)},x_{\sigma(2)},x_{\sigma(3)}) = F(x_1,x_2,x_3)$$

pour tout $\sigma \in S_3$; réciproquement, une fonction F sur P^3 qui satisfait à la condition (2.7.4) et à (2.7.2) ou (2.7.3), définit une structure du cube sur le H-torseur trivial $\underline{0}$ sur P et donc, par transport de structure au moyen de l'isomorphisme $\underline{0} \longrightarrow L$ défini par la section s, sur le torseur L lui-même.

Supposons maintenant qu'il existe une section s' de L qui trivialise L comme objet de CUB(P,H) . Cette section est décrite, en termes de s, par un morphisme $f : P \longrightarrow H$ tel que $s' = fs$ et l'hypothèse faite sur s' s'écrit

(2.7.5) $$F(x,y,z) = f(x+y+z)f(x+y)^{-1}f(x+z)^{-1}f(y+z)^{-1}f(x)f(y)f(z) .$$

De manière plus générale, si s' n'est qu'une trivialisation du torseur sous-jacent L, et que F_1 est la fonctions sur P^3 qui lui est associée par (2.7.1), la relation entre F_1 et F est la suivante :

(2.7.6) $$F_1(x,y,z) = f(x+y+z)f(x+y)^{-1}f(x+z)^{-1}f(y+z)^{-1}f(x)f(y)f(z)F(x,y,z) .$$

2.8. Nous allons examiner dans ce paragraphe deux variantes de la notion de structure du cube. L'intérêt de la première est que c'est une structure de type cubique dans laquelle on n'a pas implicitement défini de rigidification du torseur sous-jacent. Soit donc L un H-torseur au-dessus de P. On désignera ici, contrairement à notre usage général, par p (resp. par q) la projection de P (resp. de P^3) sur l'objet final de T. On définit un H-torseur $\Theta_1(L)$ sur P^3 par

(2.8.1) $$\Theta_1(L) = \Theta(L) \wedge (q^*e^*L)^{-1} ,$$

c'est-à-dire que sa restriction à un point général de P^3 est

$\Theta_1(L)_{x,y,z} = L_{x+y+z}L^{-1}_{x+y}L^{-1}_{x+z}L^{-1}_{y+z}L_xL_yL_zL^{-1}_o$. Ce torseur est muni d'une rigidification canonique au sens de [30] IV 1.1.1, comme on le constate en égalant dans cette expression à zéro un ou plusieurs des points x,y,z de P. Par ailleurs, $\Theta(p^*e^*L)$ est canoniquement isomorphe à q^*e^*L , d'où la description suivante de $\Theta_1(L)$:

(2.8.2) $$\Theta_1(L) \simeq \Theta(L) \wedge \Theta(p^*e^*L)^{-1} \simeq \Theta(L \wedge p^*e^*L^{-1}) .$$

On appellera structure du cube non rigidifiée sur L la donnée d'une section du torseur $\Theta_1(L)$, telle que la section induite de $\Theta(L \wedge p^*e^*L^{-1})$ fasse de $L \wedge p^*e^*L^{-1}$ un objet de CUB(P,H) . Les objets de ce type forment une catégorie de Picard stricte NR CUB(P,H) , pour laquelle le groupe des automorphismes d'un objet L est le groupe des morphismes $f : P \longrightarrow H$ de degré 2, c'est-à-dire qui satisfont à la relation

(2.8.3) $$f(x+y+z)f(x+y)^{-1}f(x+z)^{-1}f(y+z)^{-1}f(x)f(y)f(z)f(0)^{-1} = 1 .$$

Considérons les foncteurs

$$CUB(P,H) \times TORS(H) \underset{F}{\overset{G}{\rightleftarrows}} NR\ CUB(P,H)$$

définis par

(2.8.4) $$F(L,M) = L \wedge p^*M$$

(2.8.5) $$G(L) = (L \wedge p^*e^*L^{-1} , e^*L) .$$

On vérifie qu'ils définissent une équivalence de catégories de Picard strictes. En particulier, la catégorie CUB(P,H) est équivalente à celle des triples (L,t,ε) , où (L,t) est un objet de NR CUB(P,H) et ε une rigidification du torseur L.

L'autre variante de la notion de structure du cube est introduite parce qu'elle permet un peu plus de souplesse dans les énoncés. On appellera structure du cube étendue sur le H-torseur L la donnée d'un triple (L,E,α) , où $E = (E,s_1,s_2,\xi_E)$ est une biextension symétrique de (P,P) par H de lois de composition partielles s_1

et s_2 et de donnée de symétrie $\xi_E : s^*E \longrightarrow E$, et $\alpha : E \longrightarrow \Lambda(L)$ est un morphisme de torseurs compatible aux données de symétrie ξ_E et ξ_L (ξ_L étant la donnée de symétrie canonique (2.1.11) sur $\Lambda(L)$), tel que le diagramme suivant soit commutatif

(2.8.6)
$$\begin{array}{ccc}
(m\times 1)^*E \wedge p_{13}^*E^{-1} \wedge p_{23}^*E^{-1} & \longrightarrow & (m\times 1)^*\Lambda(L) \wedge p_{13}^*\Lambda(L)^{-1} \wedge p_{23}^*\Lambda(L)^{-1} \\
\downarrow \psi_E & & \downarrow \psi \\
(1\times m)^*E \wedge p_{12}^*E^{-1} \wedge p_{13}^*E^{-1} & \longrightarrow & (1\times m)^*\Lambda(L) \wedge p_{12}^*\Lambda(L)^{-1} \wedge p_{13}^*\Lambda(L)^{-1}
\end{array} .$$

Ici les flèches horizontales sont induites par α, ψ est la flèche définie en (2.1.10), et ψ_E la flèche composée déterminée par les lois partielles s_1, s_2 :

(2.8.7) $$\psi_E : (m\times 1)^*E \wedge p_{13}^*E^{-1} \wedge p_{23}^*E^{-1} \xrightarrow{s_1^{-1}} \underline{0} \xrightarrow{s_2} (1\times m)^*E \wedge p_{12}^*E^{-1} \wedge p_{13}^*E^{-1} .$$

Malgré son apparence plus générale, la catégorie de ces objets équivaut à la catégorie $CUB(\underline{0},H)$ (qui s'identifie à la sous-catégorie pour laquelle α est l'application identique et $\xi_E = \xi_L$). En effet, un morphisme $\alpha : E \longrightarrow \Lambda(L)$ impose, par transport de structure, une structure de biextension à $\Lambda(L)$ qui fait de L un objet de $CUB(P,H)$.

Exemple 2.9. Soit E une biextension de (P,P) par H. Montrons que le triple $(\Delta E, E \wedge s^*E, \gamma_E)$, où γ_E est le morphisme de torseurs défini en (1.2.9), munit fonctoriellement en E le torseur ΔE (image inverse de E par l'application diagonale $P \to P^2$) d'une structure du cube canonique. En effet, $E \wedge s^*E$ est munie d'une structure de symétrie naturelle, décrite dans la proposition 1.6, et le diagramme (1.2.11) montre que γ_E est compatible aux données de symétrie sur sa source et son but. Il ne reste donc plus qu'à vérifier la commutativité du diagramme de type (2.8.6) correspondant au triple considéré. Une pénible chasse au diagramme montre que celle-ci équivaut à la commutativité du diagramme suivant, où $c_{p;p',p''}$ et $c_{p,p';p''}$ ont la même signification qu'en 1.1, et $d_{p,p'}$ désigne la restriction à un point général p,p' de P^2 du morphisme d_E (1.2.8), tandis que la flèche horizontale supérieure est $d_{p,p'} \wedge c_{p,p';p''} \wedge c_{p'';p,p'} \wedge 1$:

$$\begin{array}{ccc}
E_{p,p}E_{p',p'}E_{p'',p''}E_{p,p'}E_{p',p}E_{p,p''}E_{p'',p}E_{p',p''}E_{p'',p'} & \longrightarrow & E_{p+p',p+p'}E_{p+p',p''}E_{p'',p+p'}E_{p'',p''} \\
\Big\downarrow c_{p;p',p''} \wedge c_{p',p'';p} \wedge d_{p',p''} & & \Big\downarrow d_{p+p',p''} \\
E_{p,p}E_{p,p'+p''}E_{p'+p'',p}E_{p'+p'',p'+p''} & \xrightarrow[d_{p,p'+p''}]{} & E_{p+p'+p'',p+p'+p''}
\end{array} .$$

On constate en se reportant à la définition explicitée en 1.2 de d_E, qu'il revient au même de vérifier, pour une collection $(a,b,c,d',d'',e',e'',f',f'')$ de sections des facteurs du terme supérieur gauche de ce diagramme, l'identité

$$[a \underset{1}{+} (d' \underset{1}{+} e')] \underset{2}{+} [(d'' \underset{2}{+} e'') \underset{1}{+} \{(b \underset{1}{+} f') \underset{2}{+} (f'' \underset{1}{+} c)\}]$$

$$= [\{(a \underset{1}{+} d') \underset{2}{+} (d'' \underset{1}{+} b)\} \underset{1}{+} (e' \underset{2}{+} f')] \underset{2}{+} [(e'' \underset{1}{+} f'') \underset{1}{+} c] .$$

Mais on déduit sans difficulté des conditions d'associativité des lois $\underset{1}{+}$ et $\underset{2}{+}$, et de leur compatibilité entre elles, que chacun des membres de cette identité est égal à l'expression plus symétrique

$$(a \underset{2}{+} d'' \underset{2}{+} e'') \underset{1}{+} (d' \underset{2}{+} b \underset{2}{+} f'') \underset{1}{+} (e' \underset{2}{+} f' \underset{2}{+} c) ,$$

ce qui termine la démonstration du lemme.

2.10. Nous poursuivons cette discussion générale de la structure du cube par l'étude d'un cas particulier, celui où la biextension E associée est triviale. On retrouve alors une structure bien familière :

<u>Proposition</u> 2.11. *La catégorie des paires* (L,α) *où* L *est un objet de* CUB(P,H) *et* $\alpha : \underline{0} \longrightarrow \Lambda(L)$ *est une trivialisation de la biextension induite* $\Lambda(L)$ *est équivalente à la catégorie des extensions centrales de* P *par* H. *Dans le cas où* α *trivialise* $\Lambda(L)$ *comme biextension symétrique, la catégorie des paires* (L,α) *est équivalente à celle des extensions commutatives de* P *par* H.

Soit en effet L une extension centrale de P par H. La loi de groupe de L définit alors un morphisme de H-torseurs $p_1^*L \wedge p_2^*L \longrightarrow m^*L$, c'est-à-dire une section du torseur $\Lambda(L)$. Du morphisme canonique ψ (2.1.10), on déduit un morphisme canonique

$$(2.11.1) \qquad \psi' = \psi \wedge 1 : (m\times 1)^*\Lambda(L) \wedge p_{23}^*\Lambda(L)^{-1} \longrightarrow (1\times m)^*\Lambda(L) \wedge p_{12}^*\Lambda(L)^{-1}$$

en termes duquel l'associativité de la loi L s'exprime par la relation

$$(2.11.2) \qquad \psi'((m\times 1)^*\alpha \wedge p_{23}^*\alpha^{-1}) = (1\times m)^*\alpha \wedge p_{12}^*\alpha^{-1} \ ;$$

on déduit de celle-ci, en repassant à ψ que le morphisme $\alpha : \underline{0} \longrightarrow \Lambda(L)$ de H-torseurs défini par la section α satisfait, lorsque sa source est munie de la structure triviale de biextension, à la condition de compatibilité exprimée par la commutation du diagramme (2.8.6) correspondant. Considérons maintenant l'application $[\,,\,] : P^2 \to H$ qui est définie par l'inverse du commutateur de la loi de groupe de L. Puisque L est centrale, c'est une application bilinéaire alternée qui définit, par l'exemple 1.5 i), une donnée de symétrie $\xi_{[\,,\,]}$ sur la biextension triviale de (P,P) par H, telle que le diagramme

$$\begin{array}{ccc} s^*\underline{0} & \xrightarrow{\ s^*\alpha\ } & s^*\Lambda(L) \\ \Big\downarrow{\scriptstyle \xi_{[\,,\,]}} & & \Big\downarrow{\scriptstyle \xi_L} \\ \underline{0} & \xrightarrow{\ \ \alpha\ \ } & \Lambda(L) \end{array}$$

soit commutatif. Ainsi si $0_{[\,,\,]}$ est la biextension symétrique de (P,P) par H que définit $\xi_{[\,,\,]}$, le triple $(L,\underline{0}_{[\,,\,]},\alpha)$ définit une structure du cube étendue sur L. Inversement, si (L,E,α) est une structure du cube et β une trivialisation de la biextension E. La trivialisation induite $\alpha_1 = \alpha\beta$ de $\Lambda(L)$ définit une loi de composition sur L, et la commutativité de (2.8.6) implique par le raisonnement précédent, que cette loi est associative et définit donc sur L une structure d'extension centrale de P par H. Enfin, si β trivialise E comme biextension symétrique, la loi de groupe en question sur L est commutative, et fait donc de L une extension commutative de P par H.

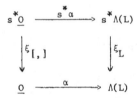

Supposons maintenant que l'objet L de CUB(P,H) défini par une extension centrale E soit isomorphe à l'objet trivial. Dans ce cas, L possède une section s au-dessus de P comme torseur, en termes de laquelle la trivialisation α de $\Lambda(L)$ est décrite par un morphisme bilinéaire $f : P \otimes P \longrightarrow H$. Or ce morphisme s'interprète également comme le cocycle qui décrit relativement à la section s, la structure d'extension de E. Ceci s'énonce de la manière suivante :

<u>Corollaire</u> 2.12. *Une extension centrale* E *de* P *par* H, *est telle que la structure du cube induite sur* E *soit triviale, si et seulement si*

i) *Il existe une section* $s : P \longrightarrow E$ *du torseur sous-jacent à* E.

ii) *Le cocycle* $f(p,p') = s(p+p')s(p)^{-1}s(p')^{-1}$ *correspondant est une application bilinéaire* $P \otimes P \longrightarrow H$.

2.13. La description explicite de la structure du cube en termes de fonctions donnée en 2.7 est d'un intérêt particulier dans le cas où T est le topos associé à l'un des (gros) sites usuels sur un schéma de base S, et où $H = \mathbb{G}_{mS}$. On ne peut certes pas appliquer directement les résultats de loc. cit. car le torseur sous-jacent à un objet L de $CUB(P,G_{mS})$ n'est en général pas trivial. Il possède cependant, sous des hypothèses assez faibles, une section rationnelle, ce qui permet de décrire L en termes de fonctions rationnelles, de manière tout à fait parallèle à la description bien connue des objets de $EXT(P,G_{mS})$ en termes de systèmes de facteurs symétriques rationnels. On retrouve ainsi, sous une forme plus précise, l'énoncé de Cristante [6] 2.15.

Soient donc X un S-schéma et, dans la terminologie de Grothendieck [12] 4 IV 20.1, $\mathcal{M}_X$ (resp. $\mathcal{M}_X^*$) le faisceau Zariskien des germes de fonctions méromorphes sur X (resp. de fonctions méromorphes régulières sur X) que nous appelerons plutôt, pour éviter toute confusion avec le cas transcendant, le faisceau des fonctions rationnelles (resp. des fonctions rationnelles inversibles) sur X. Pour tout S-morphisme plat $f : X' \longrightarrow X$, on dispose par loc. cit. prop. 20.1.12 d'un foncteur image inverse

$$f^* : f^*\mathfrak{M}_X \longrightarrow \mathfrak{M}_X ,$$

dont la définition est transitive par rapport à une paire de morphismes composables $X'' \xrightarrow{g} X' \xrightarrow{f} X$. Il y a donc lieu d'introduire le site plat Zariskien S_{ZAR} dont les objets sont les S-schémas plats, et les morphismes les S-morphismes plats entre les objets, tandis que les familles couvrantes sont les recouvrements Zariskiens. Les faisceaux $\mathfrak{M}_X$ définissent lorsque X varie un faisceau sur ce site. L'objet correspondant défini par les $\mathfrak{M}_X^*$ sera noté $\mathcal{G}_{mS}$.

Revenons maintenant au faisceau Zariskien G_{mS}, objet qui représente le groupe multiplicatif dans le topos associé au gros site Zariskien S_{ZAR} (dont les objets sont les S-schémas quelconques et les morphismes tous les S-morphismes entre ceux-ci). Il a pour restriction à S_{ZAR} un faisceau sur ce site que l'on notera également G_{mS}. On remarquera que pour tout S-schéma plat P, les catégories $TORS(P,G_{mS})$ de G_m-torseurs sur P dans le topos associé à l'un ou l'autre de ces sites (et même dans le topos associé au petit site zariskien P_{zar} des recouvrements zariskiens de P) sont équivalentes. Mieux, si P est un S-schéma en groupes commutatifs plat, la loi de groupe et les deux projections $P^2 \longrightarrow P$ sont des morphismes plats. La définition faite en 2.5 d'une structure du cube sur un G_m-torseur L au-dessus de P ne faisait donc intervenir que des torseurs induits sur des puissances cartésiennes de P, par image inverse de L par des morphismes plats et des sections de ceux-ci. Elle garde donc un sens dans le topos associé à S_{ZAR}, pourvu que l'on entende ici, par puissance cartésienne de P l'objet du site S_{ZAR} représenté par la puissance cartésienne correspondante de P dans les catégories de tous les S-schémas (on prendra en effet garde que les produits n'existent pas dans le site S_{ZAR}). Ainsi, sous cette hypothèse de platitude sur P, on dispose d'une notion de structure du cube sur un G_m-torseur L sur P, qui est décrite entièrement en termes d'objets du topos associé à S_{ZAR} et la catégorie $CUB(P,G_{mS})$ de ces objets est équivalente à la catégorie correspondante décrite en termes du topos associé à S_{ZAR}. Il n'y a donc pas lieu de distinguer ces deux catégories, et nous pourrons travailler, dans la discussion qui va suivre, avec la première d'entre elles.

Considérons maintenant, dans le topos associé à S_{ZAR}, l'injection naturelle

(2.13.1) $$i : G_{mS} \longrightarrow \mathcal{G}_{mS}$$

et, pour X un objet de S_{ZAR}, soit $\mathcal{L}$ un $\mathcal{O}_X$-module inversible, auquel correspond le G_{mX}-torseur L au-dessus de X des sections inversibles de $\mathcal{L}$. Alors le $\mathcal{G}_{mX}$-torseur induit par extension du groupe structural à partir de L, coïncide avec le torseur des sections inversibles du $\mathcal{M}_X$-module $\mathcal{M}_X(\mathcal{L}) = \mathcal{M}_X \otimes_{\mathcal{O}_X} \mathcal{L}$ des germes de sections rationnelles de $\mathcal{L}$. De la même manière, le morphisme (2.13.1) induit alors un foncteur additif

(2.13.2) $$i_* : \mathrm{CUB}(P, G_{mS}) \longrightarrow \mathrm{CUB}(P, \mathcal{G}_{mS})$$

de but une catégorie dont les objets sont décrits de manière tout à fait analogue à ceux de la catégorie de source, en termes d'un $\mathcal{G}_{mS}$-torseur sur P de de trivialisations de ses images inverses sur des produits cartésiens de P (définis comme il a été indiqué ci-dessus).

Proposition 2.14. *Soit* P *un* S-*schéma en groupes commutatif plat localement de présentation finie sur* S. *Alors le foncteur* (2.13.2) *est pleinement fidèle.*

La fidélité résulte immédiatement de l'injectivité du morphisme (2.13.1), il suffit donc de montrer qu'un objet L de $\mathrm{CUB}(P,G_{mS})$ muni d'une section rationnelle s au-dessus de P qui le trivialise comme objet de $\mathrm{CUB}(P, \mathcal{G}_{mS})$, est déjà trivial dans $\mathrm{CUB}(P,G_{mS})$. Considérons tout d'abord la biextension induite $\Lambda(L)$; celle-ci est munie d'une section rationnelle $\Lambda(s)$ qui la trivialise dans $\mathrm{BIEXT}(P,P ; \mathcal{G}_{mS})$, c'est-à-dire que $\Lambda(s) : P^2 \longrightarrow \Lambda(L)$ est un morphisme rationnel qui est multiplicatif relativement à chacune des composante de P^2 (pour la loi partielle correspondante sur $\Lambda(L)$). Le raisonnement de [40] XVIII proposition (2.3), montre alors que $\Lambda(s)$ se prolonge de manière unique en un morphisme $t : P^2 \longrightarrow \Lambda(L)$ qui trivialise $\Lambda(L)$ dans $\mathrm{BIEXT}(P,P ; G_m)$. La proposition 2.11 munit alors L d'une structure d'extension centrale de P par G_{mS}, pour laquelle on dispose d'une trivialisation rationnelle $s : P \longrightarrow L$ compatible aux lois de groupes. En faisant à nouveau appel à [40] XVIII proposition 2.3, on trouve que cette section rationnelle s est en fait un morphisme qui trivialise l'extension ainsi définie de P par G_{mS} ; a fortiori s trivialise L comme objet de $CUB(P,G_{mS})$.

Supposons maintenant que le S-schéma en groupe P satisfaisant aux hypothèses de la proposition 2.14 soit réduit et possède un nombre fini de composantes irréductibles (ou satisfasse aux conditions plus faibles de [12] IV 21.3.4). Le torseur sous-jacent à L possède alors toujours une section rationnelle, inversible et le choix d'une telle section s équivaut à celle d'un diviseur D sur S muni d'un isomorphisme de torseurs $\mathcal{O}(D) \simeq L$. En termes de cette section, la discussion de 2.7 montre bien que la structure de L comme objet de $CUB(P,\mathcal{G}_{mS})$ (et donc, en vertu de la proposition 2.14, comme objet de $CUB(P,G_{mS})$) est décrite par des fonctions rationnelles $F(x,y,z)$ sur P^3, qui satisfont aux conditions (2.7.2) - (2.7.4), la structure du cube étant triviale si et seulement si $F(x,y,z)$ satisfait à (2.7.5). On retrouve bien là, comme promis, l'énoncé de [6] 2.15.

<u>Remarque</u> 2.15. Puisque tout objet de $CUB(P,G_{mS})$ admet une description en termes de G_m-torseurs sur P et de trivialisations d'images inverses de ces torseurs, on aurait tout aussi bien pu partir, dans la discussion 2.13 - 2.14, d'objets de $CUB(P,G_{mS})$ dans le topos associé à l'un des autres gros sites usuels de S (étale, fppf, fpqc) : le théorème Hilbert 90 nous ramenait alors immédiatement au gros site zariskien S_{ZAR} qui a servi de point de départ à la discussion précédente.

§ 3. Structure du cube : propriétés d'additivité et de descente.

Les principaux résultats de ce chapitre sont le théorème 3.4 et la proposition 3.9 qui en est une conséquence. Celle-ci nous fournit une description très compacte des données de descente sur un objet L de CUB(P,H) relativement à un épimorphisme $\pi : P \longrightarrow P''$. On en déduit une interprétation de l'équation fonctionnelle habituelle (0.1) qui caractérise les fonctions thêta.

3.1. Examinons tout d'abord la fonctorialité de CUB(P,H) par rapport à P et à H. La fonctorialité par rapport à H ne présente aucune difficulté : si (L,E,α) définit une structure du cube sur le H-torseur L, et si $h : H \longrightarrow H'$ est un homomorphisme, alors $(h_*L,h_*E,h_*\alpha)$ décrit une structure du cube sur le H'-torseur h_*L obtenu par extension du groupe structural à partir de L, que l'on notera $h_*(L,E,\alpha)$. Cette construction est additive relativement à H, c'est-à-dire que les injections et projections canoniques entre $H_1 \times H_2$ et ses facteurs, induisent une équivalence de catégories de Picard strictes

$$(3.1.1) \qquad CUB(P,H_1\times H_2) \rightleftarrows CUB(P,H_1) \times CUB(P,H_2) .$$

En effet, chacun des termes L, E et α de la structure du cube possède cette propriété d'additivité par rapport à H. Une autre façon de l'exprimer est que, pour toute paire d'homomorphismes $h_1,h_2 : H \longrightarrow H'$, on déduit de (3.1.1) un isomorphisme fonctoriel

$$(3.1.2) \qquad (h_1+h_2)_*(L,E,\alpha) \simeq h_{1*}(L,E,\alpha) \wedge h_{2*}(L,E,\alpha)$$

dans CUB(P,H').

Cette fonctorialité par rapport à H, malgré son caractère élémentaire, est bien utile, notamment pour examiner le comportement de CUB(P,H) relativement à des suites exactes en H. Ainsi, elle a déjà été utilisée dans l'énoncé de la proposition 2.14. Une autre application, directement inspirée par [42] VIII § 5-7, généralise la proposition 2.4 : cette application devient tout à fait formelle (dans le style de loc. cit. VIII 6.9) dès qu'on dispose du théorème 8.9 ci-dessous, aussi nous permettons-nous de ne donner dans cette section que des indications assez sommaires, tant des énoncés que des démonstrations.

Soient donc S un trait, $\eta \xrightarrow{j} S$ le point générique,

$$(3.1.3) \qquad 0 \longrightarrow G_{mS} \longrightarrow \underline{G}_{mS} \xrightarrow{q} i_* \mathbb{Z} \longrightarrow 0$$

la suite exacte sur le site lisse pour la topologie étale de loc. cit. qui décrit le "modèle de Néron-Raynaud" $\underline{G}_{mS} = j_* G_{mS}$ de G_{mS}, et P un schéma en groupes commutatif lisse sur S de fibre générique P_η (resp. de fibre spéciale P_o).

L'exactitude de la suite (3.1.3) implique formellement que la catégorie $CUB(P,G_{mS})$ est équivalente à celle des paires $(\mathcal{L},\alpha)$, où $\mathcal{L}$ est un objet de $CUB(P,\underline{G}_m)$ et α une trivialisation de l'objet induit $q_*(\mathcal{L})$ de $CUB(P,i_* \mathbb{Z})$. D'autre part, par le théorème 6.5 de loc. cit., le foncteur "restriction à la fibre générique"

$$CUB(P,G_{mS}) \longrightarrow CUB(P_\eta,G_m)$$

est une équivalence de catégorie. De la même manière, le foncteur restriction à la fibre spéciale

$$CUB(P,i_* \mathbb{Z}) \longrightarrow CUB(P_o,\mathbb{Z})$$

en est également une par loc. cit. VIII 5.8. Ainsi, l'obstruction à ce qu'un objet L_η de $CUB(P_\eta,G_m)$ se prolonge en un objet L de $CUB(P,\underline{G}_m)$, est la classe d'un élément de $CUB(P_o,\mathbb{Z})$. Considérons alors la projection canonique

$$\pi : P_o \longrightarrow \Phi$$

de la fibre spéciale P_o sur le groupe de ses composantes connexes. L'argument employé dans la preuve de loc. cit. prop. 5.5 i), montre que la projection π induit une équivalence

$$\pi^* : CUB(\Phi,\mathbb{Z}) \longrightarrow CUB(P_o,\mathbb{Z}) .$$

Supposons maintenant que P est de type fini et donc que Φ est un groupe fini. Alors, la catégorie source s'analyse au moyen de la suite exacte

$$0 \longrightarrow \mathbb{Z} \longrightarrow \mathbb{Q} \longrightarrow \mathbb{Q}/\mathbb{Z} \longrightarrow 0 .$$

Soit donc E un objet de $CUB(\Phi,\mathbb{Z})$. Le torseur sous-jacent au-dessus de Φ est trivial par l'argument de loc. cit. 5.1, et il en est donc de même de l'objet de $CUB(\Phi,\mathbb{Q})$ déduit par extension du groupe structural. La structure de ce dernier est donc décrite, comme on l'a vu en 2.6, par une application $F : \Phi^3 \longrightarrow \mathbb{Q}$ satisfaisant aux conditions (2.7.2) - (2.7.4). Le lemme d'annulation suivant, que je dois (ainsi que le corollaire 3.3) à L. Moret-Bailly, montre alors que cet objet de $CUB(\Phi,\mathbb{Q})$ est trivial :

Lemme 3.2. *Soient* G *un groupe compact commutatif et* $F : G^3 \longrightarrow \mathbb{R}$ *une application continue, satisfaisant aux conditions* (2.7.2) - (2.7.4). *Il existe alors une application continue* $f : G \longrightarrow \mathbb{R}$ *telle que* (2.7.5) *soit satisfaite. De plus, si* G *est fini, et que* F *est à valeurs dans* $\mathbb{Q}$*,* f *l'est également.*

Cet énoncé est aux objets de $CUB(G,\mathbb{R})$ ce que l'argument de [2] chap. 7 p. 74 est à la catégorie des extensions de G par $\mathbb{R}$. La preuve en est tout à fait similaire : on vérifie en effet, sans difficulté, que l'application f définie par

$$(3.2.1) \qquad - f(x) = \int_{G\times G} F(x,u,v)\, du\, dv ,$$

(où la mesure sur G est prise de masse 1) satisfait à la condition requise.

Il découle de ce lemme que l'objet E de $CUB(\Phi,\mathbb{Z})$ qui décrit l'obstruction au prolongement de L_η est déterminé par un automorphisme de l'objet neutre de $CUB(\Phi, \mathbb{Q}/\mathbb{Z})$, c'est-à-dire par une application pointée de degré 2

$$(3.2.2) \qquad d^{L_\eta} : \Phi \longrightarrow \mathbb{Q}/\mathbb{Z} .$$

En passant de L_η à la biextension associée $\Lambda(L_\eta)$, on constate que l'application bilinéaire symétrique $d^{\Lambda(L_\eta)}$, introduite par Grothendieck en [42] VIII pour mesurer l'obstruction au prolongement de $\Lambda(L_\eta)$ n'est autre que l'application bilinéaire symétrique associée à d^{L_η}.

En fait, cette démonstration du lemme 3.2 fournit un résultat plus fin : soit

$F : G^3 \longrightarrow \mathbb{Z}$ satisfaisant aux conditions (2.7.2) - (2.7.4) et $d\mu$ une mesure sur G^2 qui prend des valeurs entières sur les fonctions sur G^2 à valeurs entières. Posons $N = \int_{G^2} d\mu$ (par exemple $N = n^2$ si $\mathrm{card}(G) = n$) ; la preuve du lemme montre qu'il existe alors une fonction $f : G \longrightarrow \mathbb{Z}$, telle que

$$NF(x,y,z) = f(x+y+z)f(x+y)^{-1}f(x+z)^{-1}f(y+z)^{-1}f(x)f(y)f(z) . \tag{3.2.3}$$

Considérons maintenant un nouveau trait S' et un morphisme de changement de base $s : S' \longrightarrow S$ d'indice de ramification N. On a donc un diagramme commutatif

$$\begin{array}{ccccccccc} 0 & \longrightarrow & G_{mS} & \longrightarrow & \underline{G}_{mS} & \longrightarrow & i_*\mathbb{Z} & \longrightarrow & 0 \\ & & \downarrow & & \downarrow & & \downarrow N & & \\ 0 & \longrightarrow & s_*G_{mS'} & \longrightarrow & s_*\underline{G}_{mS'} & \longrightarrow & i'_*\mathbb{Z} & \longrightarrow & 0 \end{array} \tag{3.2.4}$$

et la formule (3.2.3) montre que l'élément de $\mathrm{CUB}(\Phi,\mathbb{Z})$ qui décrit l'obstruction à relever L_η devient, lorsque l'on passe de S à S' isomorphe à l'objet trivial.
Le corollaire suivant est donc démontré :

Corollaire 3.3. *Soient* S *un trait,* P *un schéma en groupes commutatif lisse sur* S *de fibre générique* P_η *(resp. de fibre spéciale* P_o*) et* L_η *un objet de* $\mathrm{CUB}(P_\eta,G_m)$. *Alors, quitte à effectuer un changement de base suffisamment ramifié* $s : S' \longrightarrow S$, L_η *se prolonge toujours en un objet de* $\mathrm{CUB}(P_{S'},G_m)$.

3.4. Nous abordons maintenant la question nettement plus délicate du comportement de $\mathrm{CUB}(P,H)$ lorsque l'on fait varier P. A tout homomorphisme $p : P' \longrightarrow P$, et à tout objet (L,E,α) de $\mathrm{CUB}(P,H)$, on associe l'objet $p^*(L,E,\alpha)$ de $\mathrm{CUB}(P',H)$ défini par $p^*(L,E,\alpha) = (p^*L,(p\times p)^*E,p^*\alpha)$, où $p^*\alpha : (p\times p)^*E \longrightarrow \Lambda(p^*L)$ est l'application

$$(p\times p)^*E \xrightarrow{(p\times p)^*\alpha} (p\times p)^*\Lambda(L) \xrightarrow{\sim} \Lambda(p^*L) \tag{3.4.1}$$

composée de la flèche induite par α et de la flèche canonique. A la différence du morphisme d'extension du groupe structural introduit en 3.1, cette construction n'est plus additive en P : il est déjà bien connu que pour $P = A$ une variété abélienne et $H = G_m$, le foncteur Pic( ) est quadratique, plutôt qu'additif, relativement à A ([22] remarque p. 55). La proposition suivante précise cet énoncé : elle exprime la quadraticité de la catégorie CUB(P,H) relativement à P.

Théorème 3.5. *Soient* P,Q,H *trois groupes abéliens de* T. *Alors la catégorie de Picard* CUB(P,Q;H) *équivaut à la catégorie de Picard des triples* (S,T,E), *où* S *(resp.* T*) est un objet de* CUB(P,H) *(resp.* CUB(Q,H)*), et* E *est une biextension de* (P,Q) *par* H.

Nous noterons F et G les foncteurs

$$\text{CUB}(P,H) \times \text{CUB}(Q,H) \times \text{BIEXT}(P,Q;H) \underset{G}{\overset{F}{\rightleftarrows}} \text{CUB}(P\times Q,H) \tag{3.5.1}$$

qui définissent l'équivalence en question. On définit F en associant à un objet R de CUB(P×Q,H) le triple

$$FR = (i_1^*R\,,\; i_2^*R\,,\; (i_1\times i_2)^*\;\Lambda(R)) \tag{3.5.2}$$

où i_1 et i_2 désignent les injections canoniques de P et de Q dans $P\times Q$. Pour définir le foncteur G, commençons par démontrer le lemme suivant :

Lemme 3.6. *Soit* E *une biextension de* P,Q *par* H . *Alors le* H*-torseur sous-jacent à* E *est muni d'une structure du cube canonique fonctorielle par rapport à* E . *Dans le cas où* $E = \Lambda(L)$ *pour un objet* L *de* CUB(P,H) *, cette structure du cube sur* $\Lambda(L)$ *coïncide avec celle obtenue par fonctorialité à partir de la structure du cube de* L .

Il suffit en effet d'appliquer la construction de l'exemple 2.9 à la biextension $(p_1\times p_2)^*E$ de $(P\times Q, P\times Q)$ par H, et d'utiliser l'isomorphisme canonique de torseurs $\Delta(p_1\times p_2)^*E \simeq E$ qui résulte de l'identité $(p_1\times p_2)\circ\Delta = 1_{P\times Q}$. D'ailleurs, si l'on tient compte de la remarque 1.3, on constate que la structure du cube en question est facile à décrire : c'est celle définie par le triple

$(E,(p_1\times p_2)^*E \wedge s^*(p_1\times p_2)^*E\,,\ \partial_E)$ où

(3.6.1) $$\partial_E = \gamma_{(p_1\times p_2)^*E} : (p_1\times p_2)^*E \wedge s^*(p_1\times p_2)^*E \longrightarrow \Lambda E$$

est la flèche définie en (1.2.7).

Supposons maintenant que $E = \Lambda L$ pour un objet L de $CUB(P,H)$. Alors la structure du cube de L fait, par fonctorialité, de E un objet de $CUB(P\times P,H)$, pour lequel la structure correspondante de biextension de ΛE, s'identifie à celle définie par fonctorialité à partir de la structure de biextension de E. Mais, comme on l'a dit en 1.2, ∂_E est un morphisme de biextensions pour cette dernière structure sur ΛE. Ainsi la structure de biextension de ΛE définie par ∂_E coïncide bien avec celle définie par la structure du cube de E. La seconde assertion du lemme est maintenant démontrée, puisque la structure de symétrie sur ΛE, induite par la structure de symétrie canonique ξ_L sur $E = \Lambda L$, s'identifie à la structure de symétrie canonique ξ_E sur ΛE.

3.7. Le lemme 3.6 permet de définir le foncteur (3.5.1) $G : CUB(P,H) \times CUB(Q,H) \times BIEXT(P,Q;H) \longrightarrow CUB(P\times Q,H)$: pour tout triple (S,T,E) de sa source, on pose

(3.7.1) $$G(S,T,E) = p_1^*S \wedge p_2^*T \wedge E\ .$$

Ici les deux premiers facteurs sont munis de la structure du cube définie par fonctorialité, relativement à la projection p_i sur le ième facteur de $P\times Q$, tandis que le lemme 3.6 définit une structure du cube sur E. Pour démontrer le théorème 3.5, il reste à vérifier que les foncteurs F et G, définis par (3.5.2) et (3.7.1) sont quasi-inverses l'un de l'autre.

Définissons d'abord un isomorphisme $FG \longrightarrow 1$, et, pour cela, considérons l'image par le foncteur F du terme $G(S,T,E)$ décrit par (3.7.1). C'est un triple dont le premier terme est

(3.7.2) $$i_1^*(p_1^*S \wedge p_2^*T \wedge E) \simeq (p_1i_1)^*S \wedge (p_2i_1)^*T \wedge i_1^*E\ .$$

La relation $p_1 i_1 = 1$ identifie la premier facteur à S, alors que la relation $p_2 i_2 = 0$ trivialise le second facteur (au moyen de la rigidification canonique déduite de la structure du cube, qui est compatible à cette dernière). Enfin, $i_1^* E$ est canoniquement trivialisée, comme biextension de (P,e) par H et donc, par le lemme 3.6, comme objet de CUB(P×e,H), c'est-à-dire de CUB(P,H). Ces trivialisations déterminent bien l'identification cherchée du terme de droite de (3.7.2) avec le premier terme S du triple (S,T,E).

Le même raisonnement identifie $i_2^*(p_1^* S \wedge p_2^* T \wedge E)$ à T dans CUB(Q;H). Il reste à examiner le dernier terme associé par F à G(S,T,E), c'est, par définition, la biextension $(i_1 \times i_2)^* \Lambda(p_1^* S \wedge p_2^* T \wedge E)$ de (P,Q) par H, canoniquement isomorphe, par additivité du foncteur Λ, à $(i_1 \times i_2)^* \Lambda(p_1^* S) \wedge (i_1 \times i_2)^* \Lambda(p_2^* T) \wedge (i_1 \times i_2)^* \Lambda(E)$. Examinons successivement chacun des facteurs de cette dernière expression. La biextension $(i_1 \times i_2)^* \Lambda(p_1^* S)$ est isomorphe à $(i_1 \times i_2)^*(p_1 \times p_1)^* \Lambda(S)$, c'est-à-dire à $(p_1 i_1 \times p_1 i_2)^* \Lambda(S)$, et la relation $p_1 i_2 = 0$ montre que celle-ci est triviale ; le même raisonnement permet de trivialiser la facteur $(i_1 \times i_2)^* \Lambda(p_2^* T)$. Il ne reste donc plus qu'à examiner le terme $(i_1 \times i_2)^* \Lambda(E)$. La flèche (3.6.1), qui a servi à définir la structure de biextension de Λ(E), induit par image inverse un morphisme de biextensions

$$(i_1 \times i_2)^* \partial_E : (i_1 \times i_2)^*(p_1 \times p_2)^* E \wedge (i_1 \times i_2)^* s^*(p_1 \times p_2)^* E \longrightarrow (i_1 \times i_2)^* \Lambda E$$

c'est-à-dire, compte tenu des relations entre les injections et les projections canoniques p_j et i_j, un morphisme de biextensions

$$(3.7.3) \qquad (i_1 \times i_2)^* \partial_E : E \wedge (pe \times pe)^* E \longrightarrow (i_1 \times i_2)^* \Lambda E ;$$

la trivialisation canonique de $(e,e)^* E$ fournit alors l'identification souhaitée de la source de ce morphisme avec la biextension E.

Venons-en à la définition d'un morphisme de foncteurs $GF \xrightarrow{\sim} \mathrm{id}$. Pour cela, il nous faut vérifier que pour tout objet R de CUB(P×Q,H), l'objet GF(R), c'est-à-dire l'objet $p_1^* i_1^* R \wedge p_2^* i_2^* R \wedge (i_1\ i_2)^* \Lambda(R)$ de CUB(P×Q;H) est isomorphe à R. Mais par le lemme 3.6, la structure de biextension donnée de ΛR induit une structure du cube, qui coïncide avec celle déterminée par fonctorialité à partir de la structure du cube de R. Par image inverse par $(i_1\times i_2)$, l'isomorphisme canonique induit

$$(i_1\times i_2)^*\Lambda R \simeq R \wedge (i,p_1)^* R^{-1} \wedge (i_2 p_2)^* R^{-1} \tag{3.7.4}$$

est donc compatible avec les structures du cube, celle de sa source étant donnée par le foncteur F, et celle de son but obtenue par fonctorialité à partir de celle de R. Ceci termine la démonstration du théorème 3.5.

<u>Remarque</u> 3.8. Le morphisme dans CUB(P×Q;H)

$$p_1^* i_1^* R \wedge p_2^* i_2^* R \wedge (i_1\times i_2)^* \Lambda R \xrightarrow{\sim} R \tag{3.8.1}$$

induit par la flèche (3.7.4) n'est rien d'autre, au niveau des torseurs sous-jacents, que le morphisme canonique défini sans avoir recours à la structure du cube de R. Ceci a l'agréable conséquence suivante : soient R et S deux objets de CUB(P×Q,H) et $f : R \longrightarrow S$ au morphisme entre les H-torseurs sous-jacents. Par fonctorialité du morphisme canonique (3.8.1) par rapport à f, le diagramme de torseurs suivant est commutatif :

$$\begin{array}{ccc} p_1^* i_1^* R \wedge p_2^* i_2^* R \wedge (i_1\times i_2)^* \Lambda(R) & \xrightarrow{\quad\sim\quad} & R \\ \Big\downarrow {\scriptstyle p_1^* i_1^* f \wedge p_2^* i_2^* f \wedge (i_1\times i_2)^* \Lambda(f)} & & \Big\downarrow {\scriptstyle f} \\ p_1^* i_1^* S \wedge p_2^* i_2^* S \wedge (i_1\times i_2)^* \Lambda(S) & \xrightarrow{\quad\sim\quad} & S \end{array} \tag{3.8.2}$$

Pour vérifier qu'un tel f est morphisme dans CUB(P×Q;H), il suffit donc de montrer que $i_1^* f$ (resp. $i_2^* f$) est un morphisme dans CUB(P,H) (resp. CUB(Q,H), et que $(i_1\times i_2)^*\Lambda f$ est un morphisme de biextensions : en effet, f est alors compatible aux structures du cube, puisque c'est le cas des 3 autres flèches du diagramme (3.8.2).

3.9. Le théorème 3.5 fournit une description agréable des propriétés de descente de la catégorie CUB(P,H) par rapport à un homomorphisme épimorphique $\pi : P \longrightarrow P''$ de T. En effet, puisque π est un morphisme de descente effective pour les H-torseurs sur P, la donnée d'un objet L'' de CUB(P'',H) équivaut à celle d'une paire (L,φ), où L est un objet de CUB(P,H) et

$$\varphi : p_2^*L \xrightarrow{\sim} p_1^*L \tag{3.9.1}$$

est une donnée de recollement dans $\mathrm{CUB}(P \underset{P''}{\times} P, H)$ satisfaisant aux conditions de descente habituelles

$$p_{13}^*\varphi = p_{23}^*\varphi \circ p_{12}^*\varphi \tag{3.9.2}$$

$$\Delta^*\varphi = 1 . \tag{3.9.3}$$

Si l'on considère P comme un torseur sous $P' = \ker \pi$, on peut utiliser les isomorphismes habituels

$$i_n : P \times P'^n \longrightarrow P \underset{P''}{\times} \dots \underset{P''}{\times} P$$

définis par $(p,h_1,\dots,h_n) \longrightarrow (p,ph_1,\dots,ph_1\dots h_n)$ pour donner une nouvelle description de ces données de descente (voir [11] III 3.7.4). A la donnée de recollement φ correspond alors un isomorphisme

$$\psi = i_1^*\varphi : m^*L \xrightarrow{\sim} p_1^*L \tag{3.9.4}$$

dans CUB(P×P',H) (où $m : P\times P' \longrightarrow P$ est l'action de P' sur P par translation à droite), et les conditions (3.9.2) et (3.9.3) se réécrivent respectivement

$$(1\times m_{P'})^*\psi = (m\times 1)^*\psi \circ p_{12}^*(\psi) \tag{3.9.5}$$

$$i_1^*\psi = 1 \tag{3.9.6}$$

ou encore, avec la notation évidente,

$$\psi(p,p_1'p_2') = \psi(pp_1',p_2') \circ \psi(p_1,p_1') \tag{3.9.7}$$

(3.9.8) $$\psi(p_1,0) = 1 \ .$$

Par le théorème 3.5, les objets m^*L et p_1^*L de CUB(P×P',H), équivalent aux objets $(L,i^*L,(1\times i)^*\Lambda(L))$ et $(L,p^*e^*L,p^*e^*L^{-1})$ de CUB(P,H) × CUB(P',H) × BIEXT(P,P';H) (i : P' ⟶ P désignant l'inclusion canonique), tandis qu'au morphisme (3.9.4) correspondent les trois flèches $r : L \longrightarrow L$, $s' : i^*L \longrightarrow p^*e^*L$ et $t' : (1\times i)^*\Lambda(L) \longrightarrow p^*e^*L^{-1}$. La condition (3.9.3) équivaut à $r = 1$. D'autre part, puisque e^*L est canoniquement rigidifiée, la donnée de s' équivaut à celle d'une trivialisation s de l'objet i^*L de CUB(P',H), et celle de t' à une trivialisation de l'objet $(1\times i)^*\Lambda(L)$ de BIEXT(P,P';H). Enfin, la condition de cocycle (3.9.7) est une identité entre deux flèches de CUB(P×P'×P',H). Considérons la décomposition suivante de cette catégorie, qui s'obtient en itérant les procédés (1.2.3) et (3.5.1) :

$$\begin{aligned} \mathrm{CUB}(P\times P'\times P',H) &\simeq \mathrm{CUB}(P,H) \times \mathrm{CUB}(P'\times P',H) \times \mathrm{BIEXT}(P,P'\times P';H) \\ &\simeq \mathrm{CUB}(P,H) \times \mathrm{CUB}(P',H) \times \mathrm{CUB}(P',H) \times \mathrm{BIEXT}(P',P';H) \\ &\quad \times \mathrm{BIEXT}(P,P';H) \times \mathrm{BIEXT}(P,P';H) \ . \end{aligned}$$

Seule la restriction de (3.9.7) au facteur BIEXT(P',P';H) de CUB(P×P'×P' ; H) fournit une condition qui n'est pas automatiquement satisfaite : c'est la condition que les trivialisations $\Lambda(s)$ de $\Lambda(i^*L)$ et $(i\times 1)^*t$ de $(i\times 1)^*((1\times i)^*\Lambda(L)) \simeq (i\times i)^*\Lambda(L)$ doivent correspondre via l'isomorphisme canonique

(3.9.9) $$\Lambda(i^*L) \simeq (i\times i)^*\Lambda(L) \ .$$

En résumé :

<u>Proposition</u> 3.10. *Soient* H *un groupe abélien de* T *et*

(3.10.1) $$0 \longrightarrow P' \xrightarrow{\ i\ } P \xrightarrow{\ \pi\ } P'' \longrightarrow 0$$

une suite exacte de groupes abéliens de T. *Alors la catégorie* CUB(P";H) *équivaut à celle des triples* (L,s,t), *où* L *est un objet de* CUB(P,H), s *(resp.* t*) une trivialisation (compatible à la structure induite) de l'objet* i^*L *de* CUB(P',H) *(resp. de l'objet* $(1\times i)^*\Lambda(L)$ *de* BIEXT(P,P';H)*), telles que les sections induites* $\Lambda(s)$ *et* $(i\times 1)^*t$ *correspondent via l'isomorphisme canonique* (3.9.9).

<u>Remarque</u> 3.11. La discussion précédente ne porte pas sur l'effectivité des données de descente considérées. Ainsi, si T est le topos associé à un site $\mathcal{S}$, et que l'on se borne a des objets des catégories CUB(-,H) en question qui sont représentables par des objets du site, il convient d'ajouter aux hypothèses de la proposition 3.10, que l'épimorphisme π est effectif.

3.12. Supposons maintenant que l'objet L de CUB(P,H), qui figure dans l'énoncé de la proposition (3.10), soit un objet trivial de la catégorie en question. En termes d'une telle trivialisation

(3.12.1) $$\lambda_L : \underline{0} \longrightarrow L$$

de E, la structure précédente admet une description plus terre à terre : les sections s, t de i^*L (resp. $(1\times i)^*\Lambda(L)$) sont déterminées par des sections $(i^*\lambda)^{-1}(s)$ et $(1\times i)^*\Lambda(\lambda)$ de l'objet trivial de CUB(P',H) (resp. de l'objet trivial de BIEXT(P,P';H)), c'est-à-dire par une application

(3.12.2) $$S : P' \longrightarrow H$$

de degré 2 (resp. par une application bilinéaire

(3.12.3) $$T : P\otimes P' \longrightarrow H \quad) ,$$

et la condition de compatibilité entre s et t équivaut à ce que la restriction de T à $P'\times P'$ soit l'application bilinéaire associée à S :

(3.12.4) $$S(p_1'+p_2')S(p_1')^{-1}S(p_2')^{-1} = T(p_1',p_2') .$$

Si l'on choisit une seconde trivialisation λ_L' de L, alors cette dernière diffère de λ_L par un automorphisme de l'objet trivial de CUB(P,H), c'est-à-dire par un morphisme $V : P \longrightarrow H$ de degré 2, et les applications $S_1 : P' \longrightarrow H$ et $T_1 : P\otimes P' \longrightarrow H$, qui décrivent s et t relativement à λ_L' satisfont à

(3.12.5) $$S_1(p') = S(p')V(p')$$

(3.12.6) $$T_1(p,p') = T(p,p')V(p+p')V(p)^{-1}V(p')^{-1} .$$

Exemple : Supposons que l'application (3.12.3) s'obtient par restriction à partir d'une application bilinéaire $T : P \otimes P \longrightarrow H$. Celle-ci s'interprète alors comme une trivialisation τ de la biextension $\Lambda(L)$ tout entière ; le corollaire 2.12 montre alors que la paire (L,τ) équivaut à l'extension centrale de P par H, définie par le 2-cocycle (bilinéaire) T. Pour pouvoir descendre en un objet de $CUB(P'',H)$, il suffit, par les considérations qui précèdent, de se donner un morphisme (3.12.2) satisfaisant à (3.12.4), c'est-à-dire une trivialisation de l'extension centrale en question au-dessus de P'. Ceci éclaire, dans le cas où la suite exacte (3.10.1) est la suite (3.12.10) ci-dessous, la construction de [14] p. 111.

Revenons maintenant au cas où T est le topos associé au gros site plat zariskien S_{ZAR} introduit en 2.7, et où $H = \mathbb{G}_{mS}$. On suppose que les objets P et P" de la suite exacte (3.10.1) satisfont à l'hypothèse de la proposition 2.14. En vertu de celle-ci, on peut, quitte à plonger les catégories $CUB(-,G_{mS})$ considérées dans les catégories $CUB(-,\mathcal{G}_{mS})$ correspondantes, supposer que le torseur sous-jacent a un objet de $CUB(P'',\mathcal{G}_{mS})$ admet une section s" . Une fois choisie une telle section (et donc un diviseur D sur P"), les structures précédentes s'explicitent aisément : la donnée de s" équivaut à celle d'une section s du torseur correspondant L sur P compatible à la donnée de descente, section qui est décrite en termes de la trivialisation (3.12.1) de L par un morphisme $\theta : P \longrightarrow \mathcal{G}_{mS}$ (considéré comme section du torseur trivial $\underline{O}$ sur P), tel que

(3.12.7) $$\lambda_L(\theta) = s .$$

La compatibilité de s à la donnée de descente s'écrit alors

$$\theta_{|P'} = S$$
$$\theta(p+p')\theta(p)^{-1}\theta(p')^{-1} = T(p,p')$$

pour tout $p \in P, p' \in P'$, c'est-à-dire que la fonction θ satisfait à l'équation fonctionnelle

(3.12.8) $$\theta(p+p') = S(p')T(p,p')\theta(p) .$$

Enfin, si $F(x,y,z)$ est la fonction rationnelle sur P" qui décrit en termes de s" la structure du cube de L", on déduit de (2.7.1) et (3.12.7) que θ satisfait à la relation de Barsotti

(3.12.9) $$\frac{\theta(p_1+p_2+p_3)\theta(p_1)\theta(p_2)\theta(p_3)}{\theta(p_1+p_2)\ \theta(p_1+p_3)\ \theta(p_2+p_3)} = (\pi^*F)(p_1,p_2,p_3)$$

Passons maintenant au cas où A est une variété abélienne (ou même quasi-abélienne au sens de Séveri [36]) définie sur le corps des complexes, et plaçons nous dans le cadre analytique. La raisonnement précédent, appliqué à la suite exacte

(3.12.10) $$0 \longrightarrow \Lambda \longrightarrow V \xrightarrow{\pi} A \longrightarrow 0$$

définie par le revêtement universel V de A (voir loc. cit. § 51-54, ou [35] dans le cas quasi-abélien), permet d'associer à la section méromorphe s" de L" une fonction méromorphe θ sur V, satisfaisant à l'équation fonctionnelle (3.12.8), par laquelle on caractérise classiquement une fonction thêta (normalisée par la condition $\theta(0) = 1$) dans le cas où A est une variété abélienne. Si l'on veut obtenir une fonction thêta du type le plus général, il convient de reprendre le raisonnement précédent, en se plaçant dans la catégorie $\mathrm{NR\ CUB}(A, \mathcal{G}_m)$ introduite en 2.10, plutôt que dans $\mathrm{CUB}(A, \mathcal{G}_m)$.

Exemple 3.13. Soit $\mathcal{E}$ une courbe elliptique définie sur C, écrite sous forme de Weierstrass, $\pi = (\wp, \wp') : V \longrightarrow \mathcal{E}$ son revêtement universel et $\Lambda = \ker \pi$ le réseau correspondant. Soient $\frac{xdx}{y}$ la forme différentielle de seconde espèce sur $\mathcal{E}$, et $\eta : \Lambda \longrightarrow \mathbb{Z}$ l'homomorphisme $\eta : \lambda \longrightarrow \int_\lambda \frac{xdx}{y}$ qui décrit la classe dans $H^1(\mathcal{E}, \mathbb{Z})$ définie par cette forme différentielle. Alors, si $\Psi : \Lambda \longrightarrow \{\pm 1\}$ est l'application définie par $\Psi(\lambda) = 1$ si et seulement si $\lambda \in 2\Lambda$, la fonction sigma de Weierstrass $\sigma(z)$ associée à Λ satisfait à léquation fonctionnelle suivante ([17] chapitre XVIII théorème 1)

(3.13.1)
$$\sigma(z+\lambda) = \Psi(\lambda)\ e^{\eta(\lambda)\lambda/2}\ e^{\eta(\lambda)z}\ \sigma(z)\ ;$$

c'est par cette équation (qui est de la forme (3.12.8) pour

(3.13.2)
$$S(\lambda) = \Psi(\lambda)\ e^{\eta(\lambda)\lambda/2}$$

et

(3.13.3)
$$T(z,\lambda) = e^{\eta(\lambda)z}\ ,$$

comme on le vérifie au moyen de la relation de Legendre), que l'on caractérise habituellement la fonction $\sigma(z)$ comme fonction thêta. Mais dans ce cas, il existe également une forme explicite de la condition (3.12.9) : c'est la formule peu connue de Frobenius et Stickelberger [10][*] (17), qui équivaut à la formule suivante :

(3.13.4)
$$\frac{\sigma(x+y+z)\sigma(x)\sigma(y)\sigma(z)}{\sigma(x+y)\sigma(x+z)\sigma(y+z)} = -\frac{1}{2}\begin{vmatrix} 1 & \wp(x) & \wp'(x) \\ 1 & \wp(y) & \wp'(y) \\ 1 & \wp(z) & \wp'(z) \end{vmatrix}\ \frac{1}{[\wp(x)-\wp(y)][\wp(y)-\wp(z)][\wp(z)-\wp(x)]}\,.$$

Ainsi, si L" désigne le G_m-torseur sur la courbe elliptique $\mathcal{E}$ décrit par la donnée de descente (3.13.2) - (3.13.3) et que s" est la section rationnelle de L" correspondant à σ, la structure du cube sur L" est décrite en termes de s" par le membre de droite de (3.13.4), considéré comme fonction rationnelle sur $\mathcal{E}^3$. Le diviseur D sur $\mathcal{E}$ associé à la fonction $\sigma(z)$ est le diviseur de degré 1 $D=[e]$ défini par l'élément neutre e de $\mathcal{E}$. La section rationnelle s" de L" définit un morphisme de G_m-torseurs
$$\mathcal{O}(D) \longrightarrow L''\,,$$
qui envoie sur s" la section rationnelle canonique s_D de $\mathcal{O}(D)$ (voir [12] IV_4 21.2.11). La structure du cube $\mathcal{O}(D)$ est donc également décrite, en termes de s_D, par le membre de droite de (3.13.4).

(*) On trouve déjà une formule de ce type dans Jacobi [15] p. 339, où elle est qualifiée de "formula nova fundamentalis" (voir également loc. cit. p. 340).

Il nous reste à nous assurer que si l'on part d'un diviseur D sur une $\mathbb{C}$-variété quasi-abélienne A, on peut toujours lui associer une fonction thêta par le procédé qui vient d'être indiqué. C'est ce qu'affirme la proposition suivante :

Proposition 3.14. *Soit* L *un* G_m*-torseur sur un* $\mathbb{C}$*-espace vectoriel* V *(considéré comme groupe pour la topologie analytique), muni d'une structure du cube. Alors* L *possède une trivialisation compatible à sa structure du cube.*

En effet, la biextension associée à L est triviale par [7] (10.2.3.2), ce qui nous ramène à examiner le cas où L est une extension centrale de V par $\mathbb{C}_m$. Soit $\chi : V\times V \longrightarrow G_m$ l'application définie par la commutateur de la loi de groupe de E. Puisque χ est alternée, et que V est uniquement 2-divisible, on peut mettre χ sous la forme

$$\chi(a,b) = h(a,b)h(b,a)^{-1}$$

pour une application bilinéaire $h : V\times V \longrightarrow G_m$ définie par $h(a,b) = \chi(a,b/2)$. Le raisonnement de 4.4 ci-dessous montre alors qu'il existe sur L une loi de groupe commutative compatible à la structure du cube donnée qui en fait une extension de V par G_m. Mais une telle extension est nécessairement commutative, comme on le constate par exemple en passant des groupes aux algèbres de Lie (triviales) associées.

Remarque 3.15. La formule de Künneth et la suite exacte de cohomologie associée à la suite $0 \longrightarrow \mathbb{Z} \longrightarrow \mathcal{O}^{an} \longrightarrow \mathcal{O}^{*an} \longrightarrow 0$ impliquent que tout faisceau inversible L sur une variété abélienne A définie sur $\mathbb{C}$, satisfait au théorème du cube usuel (voir [22] p. 56). Le torseur correspondant est donc muni d'une structure du cube puisque les fonctions holomorphes sur A sont constantes. Ainsi, la proposition 3.14 s'applique. Elle permet d'associer, à tout diviseur D de A, une fonction thêta dont le diviseur est l'image inverse de D par la projection canonique $\pi : V \longrightarrow A$. On comparera cette démonstration entièrement algébrique de cette assertion (une fois admise l'existence d'une structure du cube sur $L = \mathcal{O}(D)$), avec l'habituelle démonstration analytique (voir par exemple [39] théorème 18). Une démonstration beaucoup

§ 4. Fonctions thêta algébriques.

Soient P un S-schéma en groupes commutatif et L un objet de $CUB(P,G_{mS})$. On suppose que l'image inverse de L par un homomorphisme donné $\pi : P' \longrightarrow P$ est trivialisable dans $CUB(P',G_{mS})$. Une partie de la discussion du chapitre précédent n'utilisait pas le fait que π était un épimorphisme, et demeure valable sans cette hypothèse. Ainsi, le procédé (3.12.7) permet d'associer, de manière purement algébrique, à une section rationnelle s de L et à une trivialisation de π^*L une fonction rationnelle θ sur P' qui mérite, pour les raisons déjà indiquées, d'être appellée une fonction thêta associée à s (ou au diviseur défini par s). Ce chapitre est consacré à montrer que, localement sur la base pour la topologie plate, on dispose d'un procédé de trivialisation de π^*L (pour un homomorphisme approprié π), procédé qui se substituera dans le cadre algébrique à la proposition 3.14. Pour tout entier naturel n, et pour tout groupe abélien P d'un topos T, on désigne dorénavant par $_nP$ le noyau du morphisme d'élévation à la puissance n dans P.

4.1. Soient P,Q,H des groupes abéliens d'un topos T et soit E une biextension de (P,Q) par H. Si n est un entier positif, et si $x_1,\ldots,x_n$ sont des sections de E de projection $(p,q_1),\ldots,(p,q_n)$ dans $P\times Q$. Alors la loi de groupe itérée partielle

$$(x_1,\ldots,x_n) \longrightarrow (x_1 \underset{1}{+} x_2 \underset{1}{+} \ldots \underset{1}{+} x_n)$$

définit lorsque $q_1 = q_2 = \ldots = q_n$, fonctoriellement en E, un morphisme de H-torseurs

(4.1.1) $$\alpha_n = \alpha_{n,E} : E^n \longrightarrow (1\times n)^*E \ .$$

Puisque la loi $\underset{1}{+}$ est commutative, et qu'elle est compatible à $\underset{2}{+}$, α_n est en fait un morphisme de biextensions, et l'associativité de $\underset{1}{+}$ implique que, pour n variable les morphismes α_n sont compatibles entre eux : pour tous entiers naturels n,m,p tels que $n=mp$, le diagramme de biextensions suivant (dans lequel on a négligé d'expliciter certains isomorphismes canoniques)

$$(4.1.2)\qquad \begin{array}{ccc} E^n & & \\ {\scriptstyle (\alpha_p)^m}\downarrow & \searrow^{\alpha_n} & \\ (1\times p)^*E^m & \xrightarrow[(1\times p)^*\alpha_m]{} & (1\times n)^*E \end{array}$$

est un diagramme commutatif.

De la même manière, le loi $\underset{2}{+}$ définit une famille de morphismes de biextensions

$$(4.1.3)\qquad \beta_{n,E} = \beta_n : E^n \longrightarrow (n\times 1)^*E$$

tels que, pour toute décomposition $n = rs$, le diagramme

$$(4.1.4)\qquad \begin{array}{ccc} E^n & & \\ {\scriptstyle (\beta_r)^s}\downarrow & \searrow^{\beta_n} & \\ (r\times 1)^*E^s & \xrightarrow[(r\times 1)^*\beta_s]{} & (n\times 1)^*E \end{array}$$

soit commutatif. Enfin, de la compatibilité de $\underset{1}{+}$ et $\underset{2}{+}$ découle la commutativité, pour toute paire d'entiers m,p tels que $n = mp$, du diagramme

$$(4.1.5)\qquad \begin{array}{ccc} E^n & \xrightarrow{(\beta_m)^p} & (m\times 1)^*E^p \\ {\scriptstyle (\alpha_p)^m}\downarrow & & \downarrow{\scriptstyle (m\times 1)^*\alpha_p} \\ (1\times p)^*E^m & \xrightarrow[(1\times p)^*\beta_m]{} & (m\times p)^*E \end{array} .$$

Soient maintenant K un sous groupe de P et $m \geq 1$. Alors $m^{-1}K$ désignera désormais l'image inverse de K par le morphisme d'élévation à la puissance m de P. L'existence des morphismes α_n et β_n implique alors le lemme suivant :

<u>Lemme</u> 4.2. *Soient* E *une biextension de* P,Q *par* H *et* K *un sous groupe de* P*, tel que la biextension de* (K,Q) *par* H*, induite par* E *soit canoniquement trivialisée.*

Alors, pour tout $n \geq 1$, *la biextension* $(n\times n)^*E$ *est canoniquement trivialisée au-dessus de* $n^{-2}K \times Q$, *et ces trivialisations sont compatibles entre elles pour* n *variable.*

En effet, du morphisme composé $\tau_n = \alpha_n \circ \beta_n^{-1}$

(4.2.1) $$\tau_n : (n\times 1)^*E \xrightarrow{\beta_n^{-1}} E^n \xrightarrow{\alpha_n} (1\times n)^*E$$

on déduit par image inverse par $n\times 1$ un morphisme de biextension $\rho_n = (n\times 1)^*\tau_n$:

(4.2.2) $$\rho_{n,E} = \rho_n : (n^2\times 1)^*E \xrightarrow{\sim} (n\times n)^*E .$$

Mais la biextension E est canoniquement trivialisée au-dessus de $K\times Q$, il en est donc de même de la source de (4.2.2) restreinte à $n^{-2}K\times Q$. On notera ζ_{n^2} cette section de $(n^2\times 1)^*E$ au-dessus de $n^{-2}F\times Q$ et $\xi_n = \rho_n(\zeta_{n^2})$ la section correspondante de $(n\times n)^*E$.

Explicitons maintenant la compatibilité entre elles de ces trivialisations lorsque n varie ; la commutativité des diagrammes (4.1.2), (4.1.4), (4.1.5) a pour conséquence, lorsque $n = mp$, celle du diagramme

$$\begin{array}{ccc} (n\times 1)^*E & & \\ {\scriptstyle (m\times 1)^*\tau_p}\downarrow & \searrow{\scriptstyle \tau_n} & \\ (m\times p)^*E & \xrightarrow[(1\times p)^*\tau_m]{} & (1\times n)^*E , \end{array}$$

diagramme dont l'image inverse par $n \times 1$ est le diagramme

(4.2.3) $$\begin{array}{ccc} (n^2\times 1)^*E & & \\ {\scriptstyle (nm\times 1)^*\tau_p}\downarrow & \searrow{\scriptstyle \rho_n} & \\ (nm\times p)^*E & \xrightarrow[(p\times p)^*\rho_m]{} & (n\times n)^*E . \end{array}$$

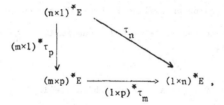

De la définition (4.2.1) des morphismes τ_n, il suit que la construction de $\tau_n = \tau_{n,E}$ est fonctorielle en la biextension E. En particulier, si s désigne la trivialisation canonique donnée de E au-dessus de $K \times Q$ (considérée comme morphisme de la biextension triviale de $(K \times Q)$ par H dans E), la restriction du morphisme $\tau_{p,E} : (p \times 1)^* E \longrightarrow (1 \times p)^* E$ au-dessus de $K \times Q$ envoie la section $(p \times 1)^* s$ de sa source vers $(1 \times p)^* s$. Par image inverse par le bihomomorphisme $nm \times 1 : (nm)^{-1} K \times Q \longrightarrow K \times Q$, on en déduit que la restriction à $(nm)^{-1} K \times Q$ de la section canonique ζ_{n^2} de $(n^2 \times 1)^* E$ s'envoie par la flèche verticale de (4.2.3) sur la section $(p \times p)^* \zeta_{m^2}$ de $(p \times p)^* (m^2 \times 1)^* E \simeq (nm \times p)^* E$ restreint à $(nm)^{-1} K \times Q$. La commutativité du diagramme (4.2.3) fournit alors l'énoncé de compatibilité des trivialisations souhaité, soit

$$(4.2.4) \qquad \xi_n(x,y) = \xi_m(px,py)$$

chaque fois que le terme de droite est défini, c'est-à-dire pour toute paire (x,y) dans le sous-groupe $(nm)^{-1} K \times Q$ de $n^{-2} K \times Q$.

Exemples 4.3. Les hypothèses du lemme 4.2 sont notamment satisfaites dans les deux cas suivants :

i) K est le sous-groupe trivial de P. C'est le cas que nous examinerons ci-dessous : on dispose donc par le lemme 4.2 d'une famille ξ_n de trivialisations des restrictions de $(n \times n)^* E$ à ${}_{n^2}P \times Q$.

ii) Supposons que $P = Q = A$ est un schéma abélien et $E = \Lambda(L)$ la biextension définie par l'objet L de $CUB(A, G_m)$. De la suite exacte

$$0 \longrightarrow \mathrm{Ext}^1(A, \underline{\mathrm{Hom}}(A, G_n)) \longrightarrow \mathrm{Ext}^1(A \overset{\mathbb{L}}{\otimes} A, G_m) \longrightarrow \mathrm{Hom}(A, \underline{\mathrm{Ext}}^1(A, G_m)) \longrightarrow \mathrm{Ext}^2(A, \underline{\mathrm{Hom}}(A, G_m))$$

et de la nullité de $\underline{\mathrm{Hom}}(A, G_m)$, on tire, de manière bien connue, que la restriction de la biextension $\Lambda(L)$ à $K \times A$ est trivialisable, où $K = K(L)$ désigne le noyau de l'homomorphisme de polarisation $\varphi_L : A \longrightarrow A^t$ associé à L. Une telle trivialisation de $\Lambda(L)_{|K \times A}$ est canonique, puisque deux d'entre elles différeraient par un élément de $\mathrm{Hom}(K \otimes A, G_m) = \mathrm{Hom}(K, \underline{\mathrm{Hom}}(A, G_m)) = 0$. On sait d'ailleurs que si le torseur L est symétrique et satisfait à une hypothèse supplémentaire, alors K(L) contient le groupe ${}_2A$ des points d'ordre deux de A (voir [20] I corollaire 4 à la proposition 6 du § 2, et également la proposition 9.3 ci-dessous).

Soient donc L un objet de CUB(P,H) et $\Lambda(L)$ la biextension associée. Il résulte du lemme 4.2 que $\Lambda(n^*L) \simeq (n\times n)^*\Lambda(L)$ est canoniquement trivialisée au-dessus de $n^{-2}K\times n^{-2}K$, de manière compatible lorsque n varie. La proposition suivante est donc une conséquence immédiate de la proposition 2.11 :

Proposition 4.4. *Soit* L *un objet de* CUB(P,H) . *Alors le torseur sous-jacent à* $n^*(L_{|n^{-1}K}) \simeq n^*L_{|n^{-2}K}$ *est muni d'une structure canonique d'extension centrale de* $n^{-2}K$ *par* H *qui est compatible avec sa structure du cube. En outre, les lois de groupes ainsi obtenues sont compatibles entre elles pour* n *variable.*

Ici, la compatibilité mentionnée signifie que la structure d'extension induite sur $n^*L_{|(nm)^{-1}K}$ via l'inclusion $(nm)^{-1}K \longrightarrow n^{-2}K$ est canoniquement isomorphe à celle obtenue par image inverse par le morphisme d'élévation à la puissance nième $(nm)^{-1}K \xrightarrow{p} m^{-2}K$ à partir de la structure d'extension du même type relative à m.

En général, la loi de groupe définit la proposition 4.4 sur $n^*L_{|n^{-2}K}$ n'est pas commutative, le défaut de commutativité étant mesuré par l'application bilinéaire alternée

$$\chi = \chi_n : n^{-2}K\times n^{-2}K \longrightarrow H \tag{4.4.1}$$

induite par le commutateur et de la compatibilité entre elles des lois de groupe en question résulte, pour $n = mp$, la relation

$$\chi_n(x,y) = \chi_m(px,py) \tag{4.4.2}$$

pour $x,y \in (nm)^{-1}K$. Se donner une nouvelle loi de groupe sur $n^*L_{|n^{-2}K}$, qui soit également compatible à la structure du cube donnée équivaut, par le corollaire 2.12, à se donner une application bilinéaire $g : n^{-2}K\times n^{-2}K \longrightarrow H$; alors la nouvelle loi de groupe $*$ est définie, à partir de la loi canonique $+$ construite dans la proposition précédente, par la formule

(4.4.3) $$x * y = x + y + ig(\pi(x),\pi(y))$$

où

(4.4.4) $$0 \longrightarrow G_m \xrightarrow{i} n^*L|_{n^{-2}K} \xrightarrow{\pi} n^{-2}K \longrightarrow 0$$

est la suite exacte donnée par la structure canonique d'extension. En particulier, la nouvelle application induite par le commutateur est reliée à l'ancienne par la formule

$$\chi'(a,b) = \chi(a,b)g(a,b)g(b,a)^{-1} .$$

On retiendra de cette discussion que l'on peut définir sur $n^*L|_{n^{-2}K}$ une structure de groupe commutative compatible à sa structure du cube, dès lors que l'on peut mettre χ sous la forme

(4.4.5) $$\chi(a,b) = h(a,b)h(b,a)^{-1}$$

pour une application bilinéaire $h = h_n : n^{-2}K \times n^{-2}K \longrightarrow H$, et que ces nouvelles lois seront compatibles entre elles (mais non aux précédentes !) pour n variable si l'on a

(4.4.6) $$h_n(x,y) = h_m(px,py)$$

pour $x,y \in (nm)^{-1}K$, lorsque $n = mp$.

Si nous supposons que $n^{-2}K$ est uniquement 2-divisible (par exemple si $K = 0$ et que l'on se restreint aux entiers n impairs), une telle famille d'applications (4.4.6) est définie par

$$h_n(x,y) = \chi_n(x,y/2) .$$

Dans le cas général, il convient plutôt de passer du groupe $n^*L|_{n^{-2}K}$ à l'image inverse par le morphisme $n^{-2}K \longrightarrow n^{-2}K$ induit par la multiplication par 2 dans P. On obtient ainsi un groupe de torseur sous-jacent $(2n)^*L|_{n^{-2}K}$, pour lequel l'application induite par le commutateur est donnée par $\chi(x,y) = \chi_n(2x,2y)$ pour l'application χ_n (4.4.1). On peut donc la mettre sous la forme (4.4.5) avec $h(x,y) = \chi_n(2x,y)$. En résumé, si K vérifie les hypothèses de 4.2 pour $E = \Lambda(L)$:

Proposition 4.5. *Soit* L *un objet de* CUB(P,H).

i) *Il existe, pour chaque* $n > 1$, *sur* $2n^*L|_{n^{-2}K}$ *une loi de groupe canonique compatible à la structure du cube qui en fait une extension commutative de* $n^{-2}K$ *par* H, *et ces lois sont compatibles entre elles pour différents entiers* n.

ii) *Si* $n^{-2}K$ *est uniquement 2-divisible, il existe déjà une telle structure d'extension commutative sur* $n^*L|_{n^{-2}K}$ *(qui est en général distincte de la structure d'extension décrite par la proposition 4.4).*

Supposons pour terminer que $H = \mathbb{G}_m$, et que, pour tout entier r, les groupes $r^{-1}K$ soient finis (où plus généralement, satisfassent aux hypothèses de [42] VIII prop. 3.3.1). Dans ce cas, toute extension commutative de $r^{-1}K$ par G_m est localement trivialisable (pour la topologie plate). On déduit donc de la proposition précédente l'analogue algébrique suivant de la proposition 3.14 :

Corollaire 4.6. *Soient* P *un* S*-schéma en groupes tel que pour tout* $r \geq 1$, $r^{-1}K$ *soit fini sur* S *et* L *un objet de* $CUB(P,\mathbb{G}_m)$. *Alors, pour tout* $n \geq 1$, $2n^*L|_{n^{-2}K}$ *est trivialisable localement sur* S *pour la topologie plate, de manière compatible à sa structure du cube. Si en outre,* $n^{-2}K$ *est uniquement 2-divisible,* $n^*L|_{n^{-2}K}$ *est également localement trivialisable de manière compatible à la structure du cube.*

4.7. L'hypothèse de 2-divisibilité du corollaire précédent est certainement beaucoup trop restrictive. Nous allons en effet voir que, pour G un S-schéma en groupes fini, une extension centrale L de G par G_m induit souvent, après un changement de base plat $S' \longrightarrow S$, une structure du cube triviale sur le torseur sous-jacent à L, ce qui permet alors, sous les hypothèses du corollaire 4.6, d'appliquer directement la proposition 4.4.

Nous nous limiterons au cas où $S = \mathrm{Spec}(k)$ pour k un corps algébriquement clos de caractéristique $p > 0$, et commençons par considérer le cas où G est de rang p. Dans ce cas, par [22] § 23 lemme 1 ii), l'extension définie par L est triviale, et il en est donc de même pour l'objet du cube induit par L. Passons au cas où G est de type multiplicatif de rang p^i. L'assertion se démontre alors par récurrence sur le rang de G, en considérant une suite exacte

$$0 \longrightarrow \mu_p \xrightarrow{i} G \xrightarrow{\pi} G' \longrightarrow 0 .$$

Par ce qui précède, la structure du cube de L admet une trivialisation au-dessus de μ_p. D'autre part, puisque L provient d'une extension, la biextension associée $\Lambda(L)$ est triviale. On déduit donc de la proposition 3.10 que L peut être descendu en un objet L'de $CUB(G',\mathbb{G}_m)$. Montrons maintenant que L' peut même être muni d'une structure d'extension centrale de G' par G_m, compatible aux structures précédentes, ce qui implique par récurrence que L est bien trivial dans $CUB(G,G_m)$. Pour cela, on commence par observer que $\Lambda(L')$ est trivialisable dans $BIEXT(G',G';G_m)$. En effet, son image inverse $\Lambda(L)$ a la propriété correspondante dans $BIEXT(G,G;G_m)$, et par [42] VII 3.8.8, l'homomorphisme de classes d'isomorphismes de biextensions

$$Biext^1(G',G';G_m) \longrightarrow Biext^1(G,G;G_m)$$

induit par π est injectif, puisque $Hom(G' \otimes \mu_p, G_m) \simeq Hom(G',\mathbb{Z}/p) = 0$. Soient donc t' une trivialisation de $\Lambda(L')$ et t la trivialisation induite de $\Lambda(L)$ dans $BIEXT(G,G;G_m)$. Cette dernière coïncide nécessairement avec la trivialisation de $\Lambda(L)$ définie par la structure d'extension de L : en effet elle en diffère au plus par un élément de $Hom(G \otimes G, G_m) = Hom(G,G^D) = 0$.

Le même raisonnement montre que pour G étale fini de rang p^i, et L une extension centrale de G par G_m, l'objet de $CUB(G,G_m)$ induit par L est trivial. Cette assertion s'étend encore au cas où G de rang p^i est sans partie unipotente. En effet G s'écrit alors

$$G = G_1 \times G_2$$

où G_1 est de type étale et G_2 de type multiplicatif. L'assertion est alors, compte tenu de ce qui précède, une conséquence immédiate du lemme suivant :

Lemme 4.8. *Soient* P, Q *et* H *trois abéliens de* T *et* L *une extension centrale de* $P \times Q$ *par* H, *dont la restriction à chacun des facteurs* P *et* Q *est trivialisable. Alors, l'image* $\mathcal{L}$ *de* L *dans* CUB(P×Q ; H) *est un objet trivial de cette catégorie.*

Preuve : Par le théorème 3.5, $\mathcal{L}$ est définie par une biextension E de (P,Q) par H. Puisque $\mathcal{L}$ provient d'une extension, la biextension induite $\Lambda(\mathcal{L})$ est triviale. Or cette dernière est, par (3.6.1), isomorphe à la biextension $(p_1 \times p_2)^* E \wedge s^*(p_1 \times p_2^*)^* E$ de $(P\times Q, P\times Q)$ par H. De la trivialité de cette dernière, on déduit, par image inverse par le bi-homomorphisme $i_1 \times i_2 : P \times Q \longrightarrow (P\times Q) \times (P\times Q)$, que la biextension E est elle-même triviale.

Corollaire 4.9. *Soit* A *une variété abélienne ordinaire définie sur un corps algébriquement clos* k *de caractéristique* $p > 0$. *Alors (avec la notation de la proposition 4.4), pour tout* $n = p^i$, $n^* L_{|_{n^{-2}K}}$ *est trivialisable dans* $\mathrm{CUB}(n^{-2}K, G_m)$ *pourvu que* K *soit fini.*

4.10. Il n'y a en général pas de procédé canonique pour choisir une trivialisation de la suite exacte

$$0 \longrightarrow G_m \longrightarrow (2n)^* L_{|_{n^{-2}K}} \longrightarrow n^{-2}K \longrightarrow 0$$

(resp. de la suite (4.4.4)), mais il est néanmoins possible d'en choisir, pour n variable, un système cohérent, localement pour la topologie fpqc, du moins si les flèches $P \xrightarrow{n} P$ d'élévation à la puissance n sont toutes des isogénies. On se bornera ici au cas où n est de la forme $n = p^i$ pour un nombre p fixé. Supposons donc choisie, pour i fixé, une trivialisation ξ_i de $(2p^i)^* L_{|_{p^{-2i}K}}$. Celle-ci définit, par image inverse par $P \xrightarrow{p} P$, une trivialisation de $(2p^{i+1})^* L_{|_{p^{-2i-1}K}}$. Si l'on choisit de manière arbitraire une trivialisation ξ_{i+1} de $(2p^{i+1})^* L_{|_{p^{-2i-2}K}}$, sa restriction au sous groupe $p^{-2i-1}K$ ne coïncide pas nécessairement avec la trivialisation précédente, mais elle n'en diffère que par un homomorphisme $h : p^{-2i-1}K \longrightarrow G_m$. De la suite exacte

$$0 \longrightarrow p^{-2i-1}K \longrightarrow p^{-2i-2}K \xrightarrow{p^{2i+1}} p^{-1}K/K \longrightarrow 0$$

et de la nullité de $\underline{\mathrm{Ext}}^1(p^{-1}K/K, G_m)$, on conclut que cet homomorphisme h se relève, localement sur S, en un homomorphisme $h_1 : p^{-2i-2}K \longrightarrow G_m$, au moyen duquel on modifiera la trivialisation de $(2p^{i+1})^* L_{|p^{-2i-2}K}$ de manière à obtenir la compatibilité souhaitée. En procédant ainsi de proche en proche, on obtient un système compatible de trivialisations des extensions $(2p^i)^* L_{|p^{-2i}K}$, localement pour la topologie fpqc.

§ 5. Σ-structures.

On a vu au paragraphe précédent comment trivialiser des structures du cube, et donc comment associer, à une section rationnelle d'un faisceau inversible sur P, un système compatible de fonctions thêta, définies sur des sous-groupes appropriés des images inverses de P par les morphismes d'élévation à la puissance n. Cependant, puisque les trivialisations de L en question ne sont pas canoniques, les fonctions thêta correspondantes ne sont déterminées par la structure du cube qu'à une exponentielle quadratique $\varphi : n^{-2}K \longrightarrow G_m$ près (ou plutôt à un homomorphisme $\varphi : n^{-2}K \longrightarrow \mathbb{G}_m$ près, puisque la structure d'extension définie par la proposition 4.5, elle est canonique). Le but de ce paragraphe et du suivant, est de montrer que si l'on suppose que l'objet $L \in \mathrm{CUB}(P,H)$ de départ est symétrique (c'est-à-dire que l'on choisit un isomorphisme de torseurs $\lambda : i^*L \longrightarrow L$, où $i : P \longrightarrow P$ est la loi d'inverse dans le groupe P), et que l'on impose à la symétrisation λ en question d'être compatible à la structure du cube en un sens qui reste à déterminer, alors il existe une manière canonique de choisir un système compatible de trivialisations de $(2n)^*L|_{(2n^2)^{-1}K}$; cette construction déterminera donc des fonctions thêta canoniques associées à une section rationnelle d'un torseur L muni de la structure en question. Dans le cas où P est un schéma abélien, de telles fonctions thêta algébriques ont déjà été définies par D. Mumford [20] par un autre procédé, apparemment assez voisin du nôtre.

5.1. Commençons par dire qu'elle est la compatibilité souhaitée de l'isomorphisme de symétrie λ avec la structure du cube de L. Soient donc s la section de Θ(L) qui définit la structure du cube donnée sur L, et $\varepsilon : \underline{O} \longrightarrow e^*L$ la rigidification induite de L. Si $\Delta_1 : P^2 \longrightarrow P^3$ est la flèche définie par $\Delta_1(x,y) = (x+y,-x,-y)$, on observe qu'il existe un isomorphisme canonique de H-torseurs sur P^2

$$(5.1.1) \qquad \Delta_1^*\Theta(L) \simeq \Lambda(L) \wedge \Lambda(i^*L)^{-1} \wedge (ep)^*L$$

et donc, compte tenu de la rigidification ε de L, un isomorphisme

(5.1.2) $$\Delta_1^*\Theta(L) \underset{\sim}{} \Lambda(L) \wedge \Lambda(i^*L)^{-1} .$$

Celui-ci fait correspondre à la section $\Delta_1^* s$ de $\Delta_1^*\Theta(L)$ un morphisme de H-torseurs

(5.1.3) $$\ell_L : \Lambda(i^*L) \longrightarrow \Lambda(L)$$

qui ne dépend que de la structure du cube de L. On dira alors qu'un morphisme de torseurs $\lambda : i^*L \longrightarrow L$ est distingué relativement à la structure du cube, lorsque la flèche $\Lambda(\lambda) : \Lambda(i^*L) \longrightarrow \Lambda(L)$ induite par λ, coïncide avec la flèche ℓ_L.

<u>Exemple</u> : Soient $P = A$ un S-schéma abélien, H un groupe affine commutatif et $\lambda : i^*L \longrightarrow L$ un morphisme de H-torseurs. La rigidification $\varepsilon : \underline{O} \longrightarrow e^*L$ déterminée par la structure du cube de L définit, via l'isomorphisme canonique $e^*i^*L \simeq i^*L$, une rigidification de i^*L. Supposons que le morphisme λ soit compatible à ces rigidifications ; dans ce cas λ est distingué : en effet, les flèches ℓ_L et $\Lambda(\lambda)$ diffèrent par un morphisme (nécessairement constant) $A^2 \longrightarrow H$, et la compatibilité de λ à la rigidification implique que ce morphisme est nul.

En fait nous utiliserons plutôt une autre description, moins concrète, de la condition que λ soit distinguée : considérons la flèche

$$\Delta_2 : P \longrightarrow P^3$$

définie par $\Delta_2(p) = (p,p,-p)$. L'image inverse de $\Theta(L)$ par Δ_2 est canoniquement isomorphe à $L^3 \wedge i^*L \wedge (2^*L)^{-1} \wedge (ep)^*L^{-2}$, où $2 = 2_P$ est le morphisme d'élévation au carré dans P. La section $\Delta_2^* s$ de ce torseur détermine donc un morphisme de torseurs

(5.1.4) $$2^*L \longrightarrow L^3 \wedge i^*L \wedge ep^*L^{-2} .$$

Soit maintenant $\Delta : P \longrightarrow P^2$ l'application diagonale ; le torseur $\Delta^*(\Lambda(L))$ sera désormais noté $\Delta\Lambda L$ et, de manière générale, pour alléger la notation, on omettra désormais les parenthèses et les symboles image inverse $(\ )^*$ dans des expressions de ce type qui décrivent des H-torseurs, lorsque ceci ne prête pas à confusion. On observe alors qu'il existe un isomorphisme canonique

(5.1.5) $$\Delta\Lambda L \underset{-}{\sim} 2^{*}L \wedge L^{-2} .$$

Ainsi, au morphime (5.1.4), correspond un morphisme de H-torseurs

(5.1.6) $$v_L : \Delta\Lambda L \longrightarrow L \wedge i^{*}L \wedge (ep^{*})L^{-2} ,$$

qui ne dépend que de la structure du cube donnée de L. Puisque celle-ci détermine une rigidification de L, on déduit de (5.1.6) que la donnée d'un isomorphisme de torseurs $\lambda : i^{*}L \longrightarrow L$ équivaut à celle d'une flèche

(5.1.7) $$t_L : \Delta\Lambda L \longrightarrow L^2$$

et réciproquement.

Soit maintenant E une biextension symétrique de (P,P) par H, de donnée de symétrie $\xi = \xi_E : s^{*}E \longrightarrow E$ où s est, rappelons-le, le morphisme qui permute les facteurs de $P \times P$. Considérons le morphisme composé

(5.1.8) $$c_E : E^2 \xrightarrow{1 \wedge \xi^{-1}} E \wedge s^{*}E \xrightarrow{\gamma_E} \Lambda\Delta E$$

où γ_E a été définie en (1.2.9). Alors, si l'on munit ΔE de la structure du cube définie par l'exemple 2.9 , le morphisme 5.1.8 est un morphisme de biextensions symétriques : ceci résulte en effet de l'exemple 1.5 ii), et du fait que la structure du cube en question a été définie de manière à ce que le morphisme γ_E soit un morphisme de biextensions symétriques. Enfin c_E est fonctoriel en la biextension symétrique E, puisque c'est le cas des morphismes qui le composent.

Le théorème suivant exprime, comme promis, d'une nouvelle manière le fait qu'une donnée de symétrie $\lambda : i^{*}L \longrightarrow L$ sur un objet L de CUB(P,H) soit distinguée. La démonstration de ce théorème consiste en une fastidieuse chasse au diagramme . Dans la suite de ce travail, seule sera employée la nouvelle caractérisation qu'il fournit de la notion de donnée de symétrie distinguée. Aussi le lecteur est-il invité, en première lecture, à en sauter la démonstration.

Théorème 5.2. *Soient* L *un* H-*torseur sur* P *muni d'une structure du cube et* $\lambda : i^*L \longrightarrow L$ *un morphisme de* H-*torseurs. Alors le morphisme* λ *est distingué si et seulement si le morphisme de torseurs*

$$\Lambda(t_L) : \Lambda \Delta \Lambda L \longrightarrow \Lambda L^2 \tag{5.2.1}$$

induit par la flèche t_L (5.1.7) *définie par* λ, *est l'inverse du morphisme*

$$c_{\Lambda L} : (\Lambda L)^2 \longrightarrow \Lambda \Delta \Lambda L ,$$

associé par (5.1.8) *à la biextension symétrique* ΛL .

Preuve : Pour effectuer la chasse au diagramme , il nous faut tout d'abord introduire un peut de notation. Si $\nabla_{p,p',p'';q}$ et $\nabla_{p;q,q',q''}$ (resp. $T_{p,p';q}$ et $T_{p;q,q'}$) désignent les diagrammes (1.1.3) - (1.1.5), qui affirment l'associativité (resp. la commutativité) des lois partielles de la biextension $E = \Lambda(L)$ définie par l'objet L de CUB(P,H) , alors on notera ∇' (resp. T') les diagrammes équivalents dont l'orientation est opposée, c'est-à-dire obtenus par symétrie du diagramme correspondant par rapport à la seconde bissectrice du carré (1.1.3) - (1.1.5) ; par ailleurs, pour tout diagramme D dans une catégorie de Picard $\mathcal{C}$, et tout objet A de $\mathcal{C}$, on notera $D \wedge A$ le diagramme dont les sommets sont les $X \wedge A$ (où X est un sommet de D) et les flèches les $f \wedge 1_A$ (où f parcourt les flèches de D).

La remarque suivante est simplement une conséquence formelle du fait que le groupe des automorphismes d'un objet d'une catégorie de Picard stricte est nécessairement commutatif : il existe une manière canonique de construire dans une telle catégorie un carré commutatif

$$\begin{array}{ccc} L_1 & \longrightarrow & L_3 \\ \downarrow & & \downarrow \\ L_2 & \longrightarrow & L_4 \end{array} , \tag{5.2.2}$$

tel que

$$L_2 + L_3 \simeq L_1 + L_4 , \tag{5.2.3}$$

à partir de la donné de deux quelconque de ses arêtes non opposées. En effet, l'équation (5.2.3), permet de définir canoniquement le quatrième sommet à partir des trois autres, et alors les homomorphismes tels que

$$+ L_2 - L_1 : F\ell(L_1,L_3) \xrightarrow{\sim} F\ell(L_2,L_4)$$

induits par le loi de groupe de $\mathcal{C}$, permettent de déterminer les arêtes manquantes à partir des arêtes opposées. Un diagramme trivialement commutatif de ce type (c'est-à-dire dont la commutativité ne dépend que des axiomes des catégories de Picard strictes, et non de la structure du cube choisie sur L) sera noté dorénavant

(5.2.4)
$$\begin{array}{ccc} L_1 & \longrightarrow & L_3 \\ \downarrow & \square & \downarrow \\ L_2 & \longrightarrow & L_4 \end{array} .$$

Désignons, avec ces conventions, par I - VI les diagrammes commutatifs de H-torseurs sur P^2, dont les fibres en un point général (x,y) de P^2 sont les suivantes :

I) $\nabla'_{x+y;x+y,-x,-y} \wedge (\Lambda(L)^{-1}_{x+y,-y} \wedge L_{x,y,y} \wedge L_e^2)$

II) $\nabla_{x+y;y,x,-x} \wedge (L_{x,y,y} \wedge L_e^2)$

III) $\nabla_{y,x,-x;x} \wedge (L_{2y,x,y} \wedge L_e)$

IV) $\nabla_{x,y,-y;y} \wedge (L_{x,y,-y} \wedge \Lambda(L)^{-1}_{y,y})$

V) $T_{x+y;x,-x} \wedge (L_{x,y,y} \wedge \Lambda(L)_{x+y,y} \wedge L_e^2)$

VI) $T_{x+y;y,-y} \wedge (\Lambda(L)^{-1}_{x+y,-y} \wedge L_{x,y,y} \wedge L_e^2)$,

où e désigne comme d'habitude l'élément neutre de P, et où on a abrévié en $L_{x,y,z}$ le H-torseur sur P^3, de fibre $\Lambda(L)_{x,y}\Lambda(L)^{-1}_{y,z}$, torseur canoniquement isomorphe à $L_x^{-1}L_{x+y}L_{y+z}^{-1}L_z$.

On vérifie que ces diagrammes s'assemblent suivant le schéma suivant (où l'on a négligé d'expliciter certains isomorphismes ψ (2.1.10)) :

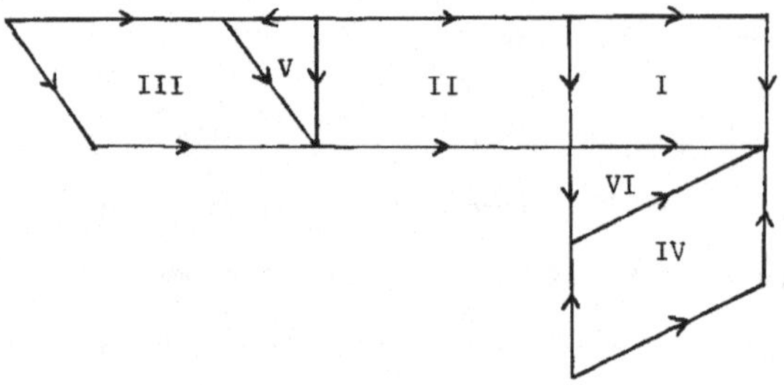

Si l'on complète ce diagramme par des diagrammes trivialement commutatifs de type (5.2.4), suivant le schéma suivant

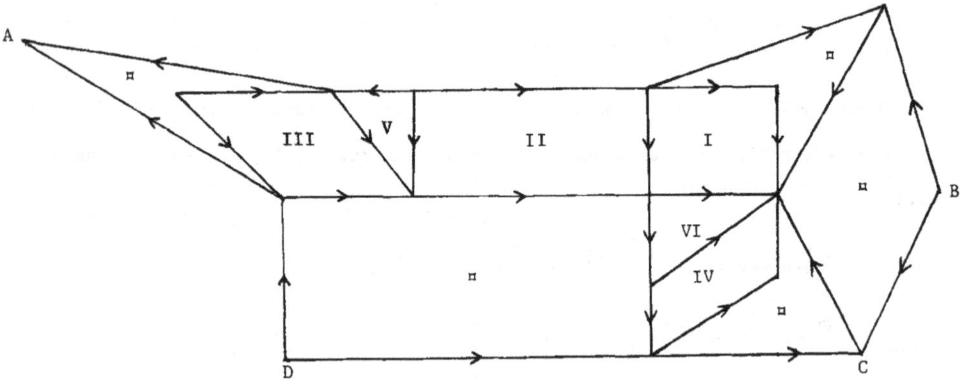

le périmètre de ce diagramme commutatif coïncide avec le carré suivant, dont les quatre sommets A,B,C,D sont reportés à partir du diagramme précédent :

$$
\begin{array}{llcl}
(A =) & \Lambda\Delta\Lambda L & \xrightarrow{\Lambda(v_L)} & \Lambda(L)\wedge\Lambda(i^*L)\wedge(ep)^*L^2 \quad (= B) \\
(5.2.5) & \uparrow c_{\Lambda L} & & \uparrow 1\wedge\ell_L\wedge 1\wedge\varepsilon \\
(D =) & \Lambda L^2 & \xrightarrow[1\wedge\varepsilon^3]{} & \Lambda(L)\wedge\Lambda(L)\wedge(ep)^*L^3 \quad (= C)
\end{array}
$$

où $\ell_L, v_L, c_{\Lambda L}$ ont été définies respectivement en (5.1.3),(5.1.6),(5.1.8), et ε est la rigidification canonique de L. Mais, par hypothèse, il existe un morphisme $\lambda : i^*L \longrightarrow L$, tel que $\ell_L = \Lambda(\lambda)$. Il résulte alors de la définition de t_L (5.1.7) à partir de v_L que la flèche composée des arêtes AB, BC, et CD est $\Lambda(t_L)$, d'où le résultat.

5.3. Le théorème 5.2 montre que la notion de donnée de symétrie distinguée $\lambda : i^*L \longrightarrow L$ sur un H-torseur L peut s'exprimer de la manière suivante.

Définition 5.4. *Soit* L *un* H-*torseur symétrique sur* P. *On appelle* Σ-*structure sur* L *la donnée d'une structure du cube sur* L *et d'un morphisme de torseurs* $t_L : \Delta\Lambda L \longrightarrow L^2$, *tel que* $\Lambda(t_L) : \Lambda\Delta\Lambda L \longrightarrow \Lambda L^2$ *soit l'inverse du morphisme* $c_{\Lambda L}$ (5.1.8) *défini par la structure de biextension de* ΛL.

On dira qu'un morphisme $\varphi : L \longrightarrow M$, entre des objets L et M munis de Σ-structures est compatible à celles-ci, si c'est un morphisme compatible aux structures du cube tel que le diagramme

(5.4.1)
$$\begin{array}{ccc} \Delta\Lambda L & \xrightarrow{\ t_L\ } & L^2 \\ {\scriptstyle \Delta\Lambda\varphi}\downarrow & & \downarrow{\scriptstyle \varphi^2} \\ \Delta\Lambda M & \xrightarrow{\ t_M\ } & M^2 \end{array}$$

soit commutatif. L'ensemble de tels H-torseurs sur P forme une catégorie de Picard stricte $\Sigma(P,H)$, pour laquelle les automorphismes d'un objet L sont donnés par les applications pointées quadratiques $f : P \longrightarrow H$ (c'est-à-dire telle que f soit pointée de degré deux et satisfasse à la condition

$$f(p) = f(-p)$$

pour tout $p \in P$).

Exercice 5.5. Reprendre la discussion de 3.1 et associer (avec les notations de loc. cit.) à un H-torseur L_η sur P_η muni d'une Σ-structure, une application quadratique $\Phi \longrightarrow \mathbb{Q}/\mathbb{Z}$, dont l'annulation implique que L_η se prolonge en un H-torseur L sur P muni d'une Σ-structure.

5.6. Généralisons maintenant légèrement, par analogie avec la construction de 2.8, la notion de Σ-structure : on appellera Σ-structure étendue sur un H-torseur L au dessus de P, la donnée d'un quadruplet (L,E,α,β) où (L,E,α) définit une structure du cube étendue sur L, et $\beta : \Delta E \longrightarrow L^2$ est un morphisme de torseurs tel que le diagramme

(5.6.1)

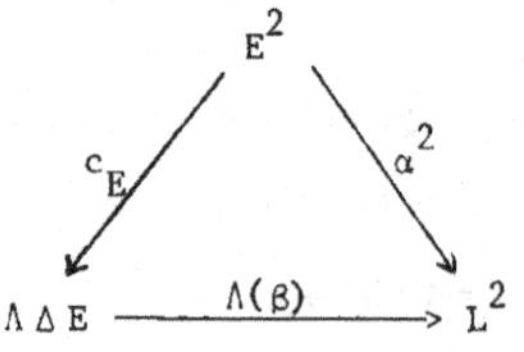

commute, pour c_E le morphisme de torseurs (5.1.8) déterminé par la structure de biextension de E. La catégorie de ces objets équivaut en effet à $\Sigma(P,H)$: à partir d'une Σ-structure étendue, on construit en effet un morphisme $t_L : \Delta\Lambda L \longrightarrow L^2$ en posant

(5.6.2) $$t_L = \beta\circ(\Delta\alpha)^{-1} : \Delta\Lambda L \longrightarrow \Delta E \longrightarrow L^2 .$$

La condition imposée par la définition 5.4 à t_L se déduit alors de la commutativité de (5.6.1) en considérant le diagramme suivant

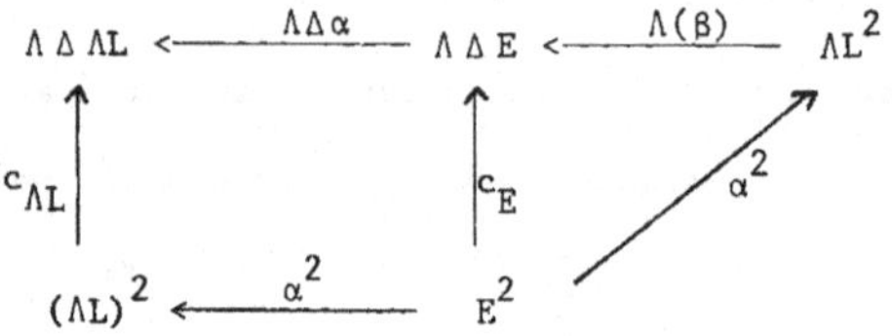

dans lequel la commutativité du carré provient de la fonctorialité, par rapport à la biextension symétrique E, du morphisme c_E (ΛL étant munie de la structure de symétrie canonique).

La proposition suivante est une amélioration du résultat énoncé en 2.9 :

<u>Proposition</u> 5.7. *Soit* E *une biextension de* (P,P) *par* H . *Alors le quadruplet* $(\Lambda E\,,\, E \wedge s^{*}E\,,\, \gamma_E\,,\, 1\wedge\vee)$ *définit, fonctoriellement en* E, *une* Σ-*structure canonique sur le torseur* ΔE.

Compte tenu de 2.9 , il reste à vérifier la commutativité du diagramme suivant (dans lequel ν est l'isomorphisme canonique (1.4.5)) :

$$\begin{array}{ccc} & (E \wedge s^{*}E) & \\ {}^{c_{E\wedge s^{*}E}}\swarrow & & \searrow^{\gamma_{E^2}} \\ \Lambda\Delta(E\wedge s^{*}E) & \xrightarrow{\Lambda(1\wedge\nu)} & \Lambda\Delta E^{2} \end{array} .$$

Il s'obtient en considérant le périmètre du diagramme

$$\begin{array}{ccccc} (E\wedge s^{*}E)^{2} & \xrightarrow{1\wedge\xi_{E\wedge s^{*}E}} & (E\wedge s^{*}E)\wedge(s^{*}E\wedge E) & \xrightarrow{1\wedge\xi_{E\wedge s^{*}E}} & (E\wedge s^{*}E)^{2} \\ & {}_{c_{E\wedge s^{*}E}}\searrow & \downarrow{\scriptstyle \gamma_{E\wedge s^{*}E}} & & \downarrow{\scriptstyle \gamma_{E^2}} \\ & & \Lambda\Delta(E\wedge s^{*}E) & \xrightarrow{\Lambda(1\wedge\nu)} & \Lambda\Delta E^{2} \end{array} .$$

Ici le triangle est commutatif par définition de $c_{E\wedge s^{*}E}$, tandis que le carré exprime la fonctorialité de (1.2.9) par rapport au morphisme de biextensions $1\wedge\xi_E : E\wedge s^{*}E \longrightarrow E^{2}$.

On déduit de cette proposition le corollaire suivant, dont la seconde partie améliore le lemme 3.6.

<u>Corollaire</u> 5.8.

i) *Pour tout objet* L *de* CUB(P,H) , $L\wedge i^{*}L$ *est muni d'une* Σ*-structure canonique.*

ii) *Pour toute biextension* E *de* (P,Q) *par* H, *le torseur sous-jacent à* E *est muni d'une structure d'objet de* $\Sigma(P\times Q,H)$.

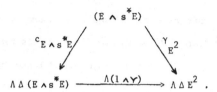

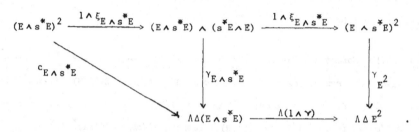

En effet, par 5.7, $\Delta\Lambda L$ est muni d'une Σ-structure, que le morphisme de torseurs $\Delta\Lambda L \xrightarrow{\sim} L\wedge i^{*}L$ déduit de v_L (5.1.6) permet de transporter à $L\wedge i^{*}L$, ce qui démontre i). Quant à la preuve de ii), c'est la même que celle du lemme 3.6. Il suffit maintenant de remplacer le lemme 3.6 par le corollaire 5.8 ii) dans la démonstration du théorème 3.5, pour obtenir la variante suivante de ce dernier :

Théorème 5.9. *Soient* P,Q,H *trois groupes abéliens de* T. *Alors la catégorie de Picard* $\Sigma(P\times Q\,;\,H)$ *est équivalente à la catégorie de Picard des triples* (S,T,E), *où* S *(resp.* T*) est un objet de* $\Sigma(P,H)$ *(resp.* $\Sigma(Q,H)$*), et* E *une biextension de* (P,Q) *par* H.

On déduit de ce théorème, en raisonnant comme précédemment, l'analogue suivant de la proposition 3.10.

Proposition 5.10. *Soient* H *un groupe abélien de* T *et* $0 \longrightarrow P' \xrightarrow{i} P \xrightarrow{\pi} P'' \longrightarrow 0$ *une suite exacte de groupes abéliens de* T. *Alors la catégorie* $\Sigma(P'',H)$ *équivaut à celle des triples* (E,s,t), *où* E *est un objet de* $\Sigma(P,H)$, s *(resp.* t*) une trivialisation de l'objet induit* i^*E *de* $\Sigma(P',H)$ *(resp. de l'objet* $(1\times i)^*\Lambda E$ *de* BIEXT(P,P';H)*), telles que* $\Lambda(s)$ *et* $(i\times 1)^*t$ *correspondent via l'isomorphisme canonique* (3.9.9).

On peut pousser plus loin l'étude des rapports qui existent entre biextensions symétriques et Σ-structures en observant que, si L est un objet de la catégorie $\Sigma(P,H)$, le morphisme $t_L : \Delta\Lambda L \longrightarrow L^2$ correspondant est compatible aux Σ-structures qui le définissent. Pour le démontrer, il suffit, vu la définition de t_L (5.6.2), de définir des morphismes de quadruplets

$$(\Delta E\,,\, E\wedge s^*E\,,\, \gamma_E\,,\, 1\wedge\curlyvee) \longrightarrow (\Delta\Lambda L\,,\, \Lambda L\wedge s^*\Lambda L\,,\, \gamma_{\Lambda L}\,,\, 1\wedge\curlyvee)$$

et

$$(\Delta E\,,\, E\wedge s^*E\,,\, \gamma_E\,,\, 1\wedge\curlyvee) \longrightarrow (L^2\,,\, E^2\,,\, \alpha^2\,,\, \beta^2)$$

qui prolongent les morphismes de torseurs $\Delta\alpha$ et β respectivement. Le premier est défini par la paire de morphismes $\Delta\alpha : \Delta E \longrightarrow \Delta\Lambda L$, $\alpha\wedge s^*\alpha : E\wedge s^*E \longrightarrow \Lambda L\wedge s^*\Lambda L$, et la compatibilité de ces morphismes aux deux autres termes du quadruplet résulte de la fonctorialité par rapport au morphisme de biextension $E \xrightarrow{\alpha} \Lambda(L)$, de la structure définie en 5.7. Quant au second morphisme, il est défini par la paire de morphismes $\beta : \Delta E \longrightarrow L^2$ et $1 \wedge \xi : E \wedge s^*E \longrightarrow E^2$. La compatibilité de ces flèches par rapport aux troisièmes termes des quadruplets, résulte de la commutativité de (5.6.1) et de la définition (5.1.8) de c_E. Quant à la compatibilité par rapport au dernier terme du quadruplet, elle équivaut à la commutativité du diagramme

$$\begin{array}{ccc} \Delta(E \wedge s^*E) & \xrightarrow{\Delta(1 \wedge \xi_E)} & (\Delta E)^2 \\ \Big\downarrow{\scriptstyle 1 \wedge \curlyvee} & & \Big\downarrow{\scriptstyle \beta^2} \\ \Delta E^2 & \xrightarrow{\beta^2} & L^4 \end{array}$$

c'est-à-dire à la condition (1.4.4) .

Pour tout entier n, on désigne désormais par n_Σ (resp. n_S) le foncteur d'élévation à la puissance n dans $\Sigma(P,H)$ (resp. $S(P,H)$) , où $S(P,H)$ désigne, rappelons-le, la catégorie des biextensions symétriques de (P,P) par H. La proposition suivante est maintenant pratiquement démontrée. On en trouvera un énoncé moins précis dans [30] lemme XI 1.6, pour P un schéma abélien et $H = G_m$.

<u>Proposition</u> 5.11. *Les morphismes* $t_L : \Delta\Lambda L \longrightarrow L^2$ (5.1.7) *et* $c_E : E^2 \longrightarrow \Lambda\Delta E$ (5.1.8) *définissent, pour* L *un objet de* $\Sigma(P,H)$ *(resp.* E *un objet de* $S(P,H)$*) variable, des morphismes de foncteurs additifs*

$$t : \Delta\Lambda \longrightarrow 2_\Sigma$$

$$(\textit{resp.} \quad i : 2_S \longrightarrow \Lambda\Delta\ )$$

de la catégorie $\Sigma(P,H)$ *(resp.* $S(P,H)$*) dans elle-même, tels que pour tout objet de* $\Sigma(P,H)$ *(resp. tout objet* E *de* $S(P,H)$*), on ait (une fois négligés des isomorphismes canoniques évidents provenant de la structure de catégorie de Picard) les relations*

$$\Lambda(t_L) \circ c_{\Lambda L} = 1_{\Lambda L^2}$$

$$t_{\Delta E} \circ \Delta c_E = 1_{\Delta E^2} \,.$$

§ 6. Fonctions thêta canoniques.

6.1. Soient E une biextension de (P,Q) par H et K un sous-groupe de P, tel que la biextension de (K,Q) par H induite par E, soit canoniquement trivialisée (voir l'exemple 4.3). Pour tout n, la trivialisation induite ζ_n de l'objet $(n\times 1)^*E$ de $\mathrm{BIEXT}(n^{-1}K, Q; H)$ s'envoie par l'inverse de la flèche $\beta_n : E^n \longrightarrow (n\times 1)^*E$ (4.1.3) vers une trivialisation $t_n^K = t_n$ de l'objet $E^n|_{n^{-1}K\times Q}$ de cette même catégorie. Lorsque $n = mp$, la même sorte d'argument qu'en 4.1, permet d'obtenir un énoncé de compatibilité entre t_p et t_{mn}. Précisément, si $\chi_n : (n\times n)^*E \longrightarrow E^{n^2}$ désigne le morphisme composé

$$\chi_n : (n\times n)^*E \xrightarrow{(n\times 1)^*\alpha_n^{-1}} (n\times 1)^*E^n \xrightarrow{\beta_n^{-1}} E^{n^2} \tag{6.1.1}$$

on déduit sans difficulté des diagrammes (4.1.2), (4.1.4) et (4.1.5) la commutativité du diagramme

$$\begin{array}{ccc} (m\times m)^*(p\times 1)^*E & \xrightarrow{(m\times m)^*\beta_p^{-1}} & (m\times m)^*E^p \\ \Big\downarrow{\scriptstyle (n\times 1)^*\tau_m^{-1}} & & \Big\downarrow{\scriptstyle \chi_m^p} \\ (mn\times 1)^*E & \xrightarrow[\beta_{mn}^{-1}]{} & E^{mn} \end{array} \tag{6.1.2}$$

où $\tau_m = \tau_{m,E}$ est la flèche (4.2.1). La trivialisation ζ_n est décrite par un morphisme

$$\zeta_n : \underline{0}_{n^{-1}K\times Q} \longrightarrow (n\times 1)^*E \tag{6.1.3}$$

dans $\mathrm{BIEXT}(n^{-1}K\times Q, H)$, de source la biextension triviale. La fonctorialité du morphisme τ_m^{-1} par rapport à ce morphisme, est décrite par le diagramme commutatif suivant dans $\mathrm{BIEXT}(n^{-1}K\times Q, H)$:

$$(6.1.4)\qquad \begin{array}{ccc} \underline{O}_{n^{-1}K\times Q} & \xrightarrow{(m\times 1)^*\zeta_n|_{n^{-1}K\times Q}} & (nm\times 1)^*E|_{n^{-1}K\times Q} \\ \| & & \downarrow (n\times 1)^*\tau_{m,E} \\ \underline{O}_{n^{-1}K\times Q} & \xrightarrow[(1\times m)^*\zeta_n]{} & (n\times m)^*E \end{array} .$$

Or $\zeta_n = (n\times 1)^*\zeta$ pour tout n, et donc $(1\times m)^*\zeta_n = (n\times m)^*\zeta$ s'identifie à $(m\times m)^*\zeta_p$, tandis que $(m\times 1)^*\zeta_n$ correspond à ζ_{mn}. Ainsi, la commutativité du diagramme (6.1.4) signifie que la section $(m\times m)^*\zeta_p$ de $(m\times m)^*(p\times 1)^*E$ s'envoie par $(n\times 1)^*\tau_m^{-1}$ vers la restriction de ζ_{mn} à $n^{-1}K\times Q$. On en déduit, par commutativité de (6.1.2), la relation souhaitée entre les sections t_p et t_{mn}, à savoir

$$(6.1.5)\qquad \chi_m^p((m\times m)^*t_p) = t_{mn}|_{n^{-1}K\times Q} .$$

Soient en particulier L un objet de $\Sigma(P,H)$ et $E = \Lambda(L)$ la biextension correspondante ; on notera encore t_n la restriction à $n^{-1}K\times n^{-1}K$ de la trivialisation de $\Lambda(L)^n|_{n^{-1}K\times P}$ considérée. Examinons maintenant l'image inverse de cette trivialisation par l'application diagonale $\Delta : n^{-1}K \longrightarrow n^{-1}K\times n^{-1}K$. Cette section Δt_n de $\Delta\Lambda L^n|_{n^{-1}K}$ est alors, par fonctorialité de la construction effectuée dans la proposition 5.7, compatible à la Σ-structure de cet objet. Mais on a vu, dans la discussion qui précédait l'énoncé de la proposition 5.11, que le morphisme t_L (5.6.2) est compatible aux Σ-structures. En particulier, l'image s_n de Δt_n par le morphisme $t_{L^n} : \Delta\Lambda L^n \longrightarrow L^{2n}$ défini par la Σ-structure de L, est une trivialisation de $L^{2n}|_{n^{-1}K}$ comme objet de $\Sigma(n^{-1}K,H)$.

Supposons maintenant que l'entier n soit de la forme $n = \frac{m^2}{2}$, et que l'on ait construit un morphisme canonique

$$(6.1.6)\qquad \psi_m^L = \psi_m : m^*L \longrightarrow L^{m^2}$$

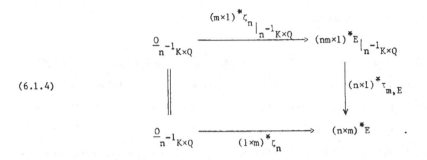

dans $\Sigma(P,H)$. Dans ce cas l'image inverse de s_n par ce morphisme est une trivialisation canonique θ_m de $m^*L|_{n^{-1}K} = m^*(L|_{(m/2)^{-1}K})$ dans $\Sigma(n^{-1}K,H)$. En particulier, si l'on pose $m = 2m_1$, on obtiendra de cette manière pour tout entier m_1 une trivialisation canonique de $(2m_1)^*L|_{(2m_1^2)^{-1}K}$, ce qui améliorera (sous l'hypothèse que L est un objet de $\Sigma(P,H)$), l'énoncé du corollaire 4.6.

Il serait facile de définir directement des morphismes (6.1.6) comme conséquence du théorème du cube, en procédant comme en [22] § 6 corollaire 3, mais il y aurait encore lieu de vérifier la compatibilité de ces morphismes aux Σ-structures, ainsi qu'entre elles. Nous allons tourner cette difficulté en nous contentant de définir, pour tout objet $L \in \Sigma(P,H)$ et tout entier $m > 0$, un morphisme

(6.1.7) $$\tilde{\psi}_m^L = \tilde{\psi}_m : m^*L^2 \longrightarrow L^{2m^2}$$

par la commutativité du diagramme

(6.1.8) $$\begin{array}{ccc} m^*\Delta\Lambda L & \xrightarrow{\Delta\chi_m} & \Delta\Lambda L^{m^2} \\ {\scriptstyle m^*t_L}\downarrow & & \downarrow{\scriptstyle (t_L)^{m^2}} \\ m^*L^2 & \overset{\tilde{\psi}_m}{\dashrightarrow} & L^{2m^2} \end{array},$$

où $\Delta\chi_m$ est l'image inverse par l'application diagonale du morphisme défini en (6.1.1). Puisque χ_m est un morphisme de biextensions, la proposition 5.7 implique que $\Delta\chi_m$ est compatible aux Σ-structures, et on sait par les remarques qui précèdent 5.11 qu'il en est de même de t_L. Ainsi $\tilde{\psi}_m$ est bien un morphisme dans $\Sigma(P,H)$. En outre, les morphismes ainsi définis sont compatibles entre eux pour m variable :

<u>Lemme</u> 6.2. *Pour tout objet* $L \in \Sigma(P,H)$ *et tout entier* $m = rs$, *le diagramme*

$$\text{(6.2.1)}\qquad \begin{array}{ccc} m^{*}L^{2} & \xrightarrow{\ \tilde{\psi}_{m}\ } & L^{2m^{2}} \\ {\scriptstyle r^{*}\tilde{\psi}_{s}}\big\downarrow & \nearrow{\scriptstyle (\tilde{\psi}_{r})^{s^{2}}} & \\ r^{*}L^{2s^{2}} & & \end{array}$$

est commutatif.

C'est en effet une conséquence, pour $E = \Lambda(L)$, de la commutativité du diagramme de biextensions

$$\text{(6.2.2)}\qquad \begin{array}{ccc} (m\times m)^{*}E & \xrightarrow{\ \chi_{m}\ } & E^{m^{2}} \\ {\scriptstyle (r\times r)^{*}\chi_{s}}\big\downarrow & \nearrow{\scriptstyle \chi_{r}^{s^{2}}} & \\ (r\times r)^{*}E^{s^{2}} & & \end{array} ,$$

où E est une biextension de (P,Q) par H ; celle-ci se démontre, de façon tout à fait analogue à celle du diagramme (6.1.2), à partir des diagrammes (4.1.2), (4.1.4) et (4.1.5).

Nous pouvons maintenant reprendre, à l'aide du morphisme (6.1.7) ainsi défini, la discussion esquissée en 6.1. Posons à nouveau $n = \frac{m^2}{2} = 2m_1^2$, et considérons le diagramme de type (6.1.8) associé à l'objet $L^2 \in \Sigma(P,H)$ et à l'entier m_1 :

$$\begin{array}{ccc} m_1^{*}\Delta\Lambda L^{2} & \xrightarrow{\ (\Delta\chi_{m_1})^{2}\ } & \Delta\Lambda L^{n} \\ \big\downarrow & & \big\downarrow \\ m_1^{*}L^{4} & \xrightarrow{\ (\tilde{\psi}_{m_1})^{2}\ } & L^{2n} \end{array} .$$

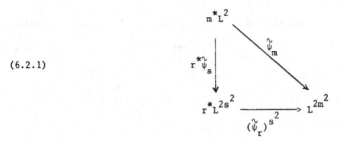

A la section Δt_n de $\Delta\wedge L^n|_{n^{-1}K}$ correspond, on l'a vu, une section s_n de $L^{2n}|_{n^{-1}K}$, d'où une trivialisation σ_{m_1} de $m^*L^4|_{n^{-1}K}$ comme objet de $\Sigma(n^{-1}K,H)$. Du lemme 6.2 (ou, si l'on veut, directement de la compatibilité (6.2.2) des morphismes χ_m entre eux), et de la compatibilité (6.1.5) entre les sections t_n pour n variable, on déduit que les trivialisations σ_{m_1} sont également compatibles entre elles lorsque m_1 varie :

__Lemme__ 6.3. *Posons* $m_1 = rs_1$. *Alors la restriction de* σ_{m_1} *au sous-groupe* $(2rs_1^2)^{-1}K$ *de* $n^{-1}K$ *s'envoie, par l'isomorphisme canonique*

$$(6.3.1) \qquad m_1^*L^4|_{(2rs_1^2)^{-1}K} \xrightarrow{\sim} r^*(s_1^*L^4|_{(2s_1^2)^{-1}K}) ,$$

vers $r^*(\sigma_{s_1})$.

Explicitons maintenant un isomorphisme (6.1.6) dans le cas particulier où $m = 2$: on pose

$$(6.3.2) \qquad \psi_2 = \psi_2^L : 2^*L \simeq \Delta\wedge L\wedge L^2 \xrightarrow{t_L\wedge 1} L^4$$

où le premier isomorphisme est défini par (5.1.5). Ce morphisme ψ_2 est compatible aux Σ-structures, puisque t_L l'est, et il permet de définir les trivialisations cherchées. En effet, il induit par image inverse, pour tout entier m_1, un morphisme

$$m_1^*(\psi_2)^{-1} : m_1^*L^4 \longrightarrow (2m_1)^*L$$

dans $\Sigma(P,H)$ au moyen duquel σ_{m_1} s'envoie sur une trivialisation θ_{m_1} de $2m_1^*L|_{n^{-1}K} = (2m_1)^*(L|_{m_1^{-1}K})$. Enfin le lemme 6.3 assure que les θ_{m_1} sont compatibles entre eux lorsque m_1 varie. En résumé :

__Théorème__ 6.4. *Soit* L *un objet de* $\Sigma(P,H)$. *Il existe alors pour tout entier* $m>0$, *une trivialisation canonique* θ_m *de* $(2m)^*(L|_{m^{-1}K})$ *comme objet de* $\Sigma((2m^2)^{-1}K,H)$. *Lorsque* $m=rs$, *la restriction de* θ_m *au sous-groupe* $(2rs^2)^{-1}K$ *de* $(2m^2)^{-1}K$ *coïncide, par l'identification canonique, avec* $r^*\theta_s$.

§ 7. Champs de Picard associés à une biextension symétrique.

7.1. Soit E une biextension de (P,P) par H. Alors, les axiomes d'associativité et de compatibilité des lois de groupes partielles sur E impliquent, comme nous l'avons déjà vu, la commutativité de nombreux diagrammes. L'un des plus remarquables est le suivant : soit ψ le morphisme de H-torseurs sur P^3

(7.1.1) $$\psi : (m\times 1)^{*}E \wedge p_{12}^{*}E \longrightarrow (1\times m)^{*}E \wedge p_{23}^{*}E$$

déduit du morphisme ψ_E (2.8.7) ; au-dessus d'un point général (x,y,z) de P^3, c'est donc un morphisme de la forme

(7.1.2) $$\psi_{x,y,z} : E_{x+y,z}\, E_{x,y} \longrightarrow E_{x,y+z}\, E_{y,z}$$

(avec la notation du § 1). On a alors l'énoncé suivant :

<u>Lemme</u> 7.2. *Le diagramme suivant de torseurs sur* P^4 *est commutatif ((x,y,z,w) désignant un point général de* P^4*) :*

(7.2.1)

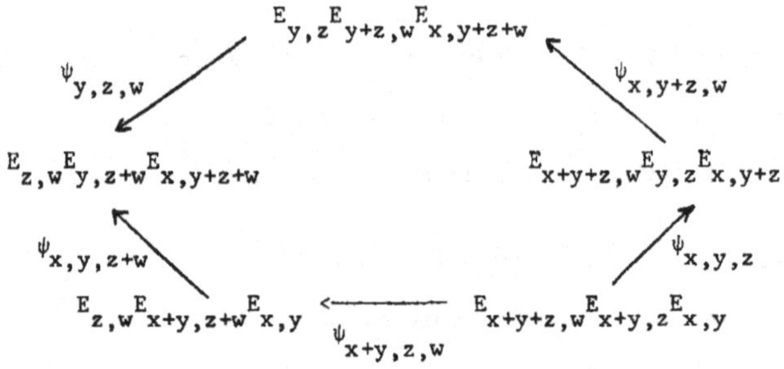

<u>Preuve</u> : Nous adoptons à nouveau la notation introduite dans la preuve du théorème 5.2, et considérons les trois diagrammes commutatifs suivants (S désignant à nouveau le diagramme de compatibilité (1.1.6)) :

I) $E_{x,y} \wedge S'_{x,y;z,w} \wedge E_{z,w}$

II) $\nabla_{x;y,z,w} \wedge E_{y+z,w} \wedge E_{y,z}$

III) $\nabla_{x,y,z;w} \wedge E_{x,y+z} \wedge E_{y,z}$.

Enfin, IV) désigne le diagramme trivialement commutatif (au sens indiqué dans la preuve du théorème 5.2) suivant :

$$\begin{array}{ccc} E_{x,y}E_{x,z}E_{x,w}E_{y,z}E_{y,w}E_{z,w} & \xrightarrow{c_{x;y,z}\wedge 1} & E_{y,z}E_{x,y+z}E_{x,w}E_{y,w}E_{z,w} \\ {\scriptstyle 1\wedge c_{y,z;w}}\downarrow & \square & \downarrow{\scriptstyle c_{y,z;w}\wedge 1} \\ E_{x,y}E_{x,z}E_{x,w}E_{y+z,w}E_{y,z} & \xrightarrow[c_{x;y,z}\wedge 1]{} & E_{x,y+z}E_{x,w}E_{y+z,w}E_{y,z} \end{array} .$$

Ces diagrammes s'assemblent suivant la manière indiquée par les trait pleins du diagramme suivant :

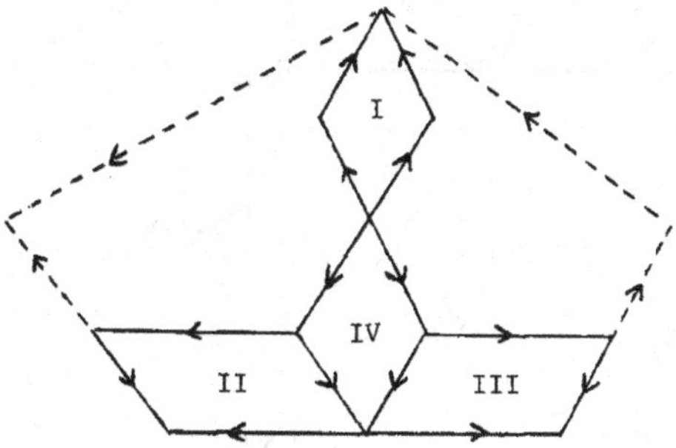

Lorsque l'on complète ce diagramme par deux carrés commutatifs triviaux disposés de la manière indiquée par les traits pointillés, on obtient le pentagone commutatif recherché. On remarquera que les axiomes de commutativité des lois partielles sur E n'ont pas été utilisées dans cette démonstration, qui demeure donc valable sans faire l'hypothèse que le groupe P est commutatif.

Supposons maintenant que la biextension E soit munie d'une donnée de symétrie, c'est-à-dire d'un morphisme de biextensions $\xi = \xi_E : s^*E \longrightarrow E$. La relation suivante entre celui-ci et le morphisme ψ (7.1.2) est alors satisfaite.

Lemme 7.3. *Le diagramme suivant de torseurs sur* P^3 *est commutatif :*

$$
(7.3.1)\qquad
\begin{array}{ccccc}
 & E_{x,y+z}E_{y,z} & \xleftarrow{\ \xi_{x,y+z}\wedge 1\ } & E_{y+z,x}E_{y,z} & \\
\psi_{x,y,z}\nearrow & & & & \searrow\psi_{y,z,x} \\
E_{x,y}E_{x+y,z} & & & & E_{y,x+z}E_{z,x} \\
\xi_{x,y}\nwarrow & & & & \swarrow\xi_{x,z} \\
 & E_{y,x}E_{x+y,z} & \xrightarrow{\ \psi_{y,x,z}\ } & E_{y,x+z}E_{x,z} & .
\end{array}
$$

La preuve en est tout à fait similaire à celle du lemme 7.2 : puisque $\xi_E : s^*E \longrightarrow E$ est un morphisme de biextensions, le diagramme en traits pleins suivant est commutatif

$$
\begin{array}{ccccc}
E_{x,y+z} & & \xleftarrow{\ \xi_{x,y+z}\ } & & E_{y+z,x} \\
\uparrow{\scriptstyle c_{x;y,z}} & & & & \uparrow{\scriptstyle c_{y,z;x}} \\
E_{x,y}E_{x,z} & & \xleftarrow{\ \xi_{x,y}\xi_{x,z}\ } & & E_{y,x}E_{z,x} \\
 & \xi_{x,y}\wedge 1 \nwarrow & & \swarrow 1\wedge\xi_{x,z} & \\
 & & E_{y,x}E_{x,z} & & .
\end{array}
$$

Considérons le pentagone commutatif $P_{x,y,z}$ obtenu en décomposant la flèche inférieure de ce diagramme de la manière indiquée en pointillé, et notons I le pentagone $P_{x,y,z}\wedge E_{y,z}$ induit. Soient II et III les triangles commutatifs $E_{y,z}\wedge T_{y,x;z}$ et $T_{y;x,z}\wedge E_{x,z}$ définis à partir des axiomes de commutativité (1.1.5) ; ces diagrammes s'assemblent de la manière indiquée par les traits pleins du diagramme suivant :

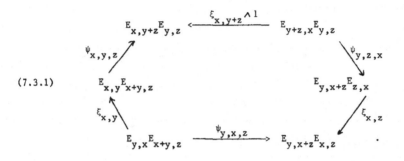

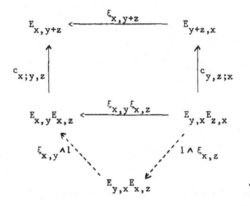

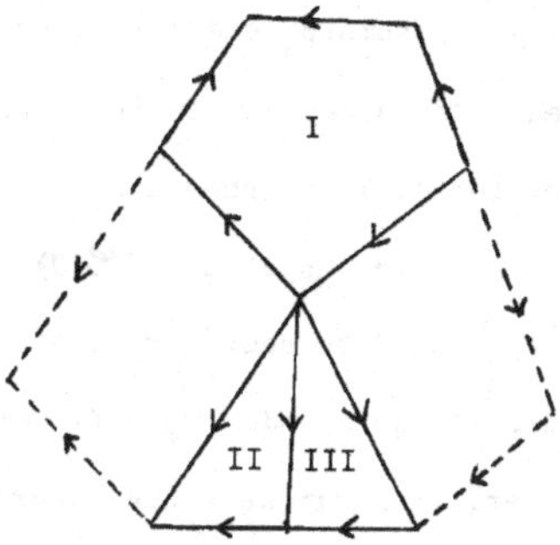

Lorsqu'on le complète par deux carrés commutatifs triviaux de la manière indiquée en pointillés, on obtient l'hexagone commutatif recherchée.

7.4. Les diagrammes commutatifs (7.2.1) et (7.3.1) ont une interprétation catégorique fort agréable, qui est implicite dans la définition donnée en [41] XVIII d'un champ de Picard strict, et que nous nous proposons maintenant d'expliciter dans un cas particulier. Soient donc $\mathcal{C}$ un champ en groupoïdes sur un site $\mathcal{S}$ de topos associé T, et $\pi_o\mathcal{C} = P$ l'objet de T dont les sections sont localement les classes d'isomorphisme d'objets de $\mathcal{C}$. L'image inverse $\mathcal{C}|_P = \mathcal{C} \times_T T/P$ du champ $\mathcal{C}$ par le morphisme de localisation $T/P \longrightarrow T$ est alors une gerbe, que nous appellerons la gerbe sous-jacente au champ $\mathcal{C}$. Elle est liée par un groupe H de T, c'est-à-dire que l'on dispose, pour tout objet U du site $\mathcal{S}$ et tout objet X de $\mathcal{C}(U)$, d'un système compatible d'isomorphismes

(7.4.1) $$\varphi_X : H|_U \longrightarrow \underline{\mathrm{Aut}}(X) .$$

On suppose désormais que P est un groupe abélien de T, ainsi que H, et l'on suppose que $\mathcal{C}$ admette un objet global e. Ceci permet d'identifier dorénavant, au moyen de φ_e, H au faisceau $\underline{\mathrm{Aut}}(e)$ des automorphismes de e.

Le cas particulier que nous allons considérer est le suivant : nous supposerons que la gerbe sous-jacente à $\mathcal{C}$ est triviale. Le choix d'une telle trivialisation revient à celui, pour toute section s de P au-dessus de l'objet U du site , d'un objet X_s de $\mathcal{C}(U)$ dont la classe d'isomorphisme est s. Un tel objet X_s étant choisi, il existe une équivalence de catégories entre la sous-catégorie pleine de $\mathcal{C}(U)$ dont les objets sont localement isomorphes à X_s, et la catégorie $\mathrm{TORS}(H)_{|U}$ des H-torseurs au-dessus de U : à un tel objet Y de $\mathcal{C}(U)$, on associe en effet $W = \underline{\mathrm{Isom}}(X_s,Y)$, qui est via φ_{X_s} un H-torseur sur Y, et réciproquement, à un tel H-torseur W on fait correspondre l'objet tordu W_{X_s} de $\mathcal{C}(U)$ au sens de [11] III proposition 2.3.2. En particulier, on remarquera que, pour deux objets Y_1 et Y_2 de ce type de $\mathcal{C}(U)$ définis par des torseurs W_1 et W_2, la donnée d'une flèche $Y_1 \longrightarrow Y_2$ équivaut à celle d'un morphisme de torseurs $W_1 \longrightarrow W_2$.

De la discussion précédente, on retiendra principalement le fait que, une fois choisie une trivialisation de la gerbe sous-jacente à $\mathcal{C}$, le champ $\mathcal{C}$ est équivalent au champ $\mathcal{D}$ suivant : pour tout objet U du site S, $\mathcal{D}(U)$ est la catégorie dont les objets sont les paires (s,W), où s est une section du faisceau P au-dessus de U et W un H-torseur au-dessus de U. Les flèches dans $\mathcal{D}$ sont alors définies par

$$\mathrm{Hom}_{\mathcal{D}}((s_1,W_1),(s_2,W_2)) = \begin{cases} \emptyset & \text{si } s_1 \neq s_2 \\ \mathrm{Isom}(W_1,W_2) & \text{si } s_1 = s_2 . \end{cases}$$

Soit donc $\mathcal{C}$ un tel champ et supposons que $\mathcal{C}$ soit muni d'une structure de champ de Picard strict. Nous allons maintenant montrer que sous l'hypothèse de trivialité de la gerbe sous-jacente à $\mathcal{C}$, cette structure admet une description en termes de torseurs. Se donner un foncteur $+ : \mathcal{C}\times\mathcal{C} \longrightarrow \mathcal{C}$ induisant la loi de groupe donnée sur P (resp. sur H) revient en effet à se donner, dans la terminologie de [11] IV 2.3.1, un objet de $\mathrm{HOM}_{m_H}(p_1^*(\mathcal{C}_{|P}) \times p_2^*(\mathcal{C}_{|P}),\ m_P^*(\mathcal{C}_{|P}))$ (où $m_H : H\times H \longrightarrow H$ est le morphisme de liens définis par la loi de groupe de H, alors que m_P, p_1, p_2 sont respectivement la loi de groupe et les deux projections de P^2 vers P), c'est-à-dire une section de la H-gerbe $\mathrm{HOM}_H(p_1^*(\mathcal{C}_{|P}) \overset{H}{\wedge} p_2^*(\mathcal{C}_{|P}), m_P^*(\mathcal{C}_{|P}))$ du topos $\mathcal{C}_{|P\times P}$. Mais la section de $\mathcal{C}_{|P}$ donnée au départ induit également une section de cette H-gerbe, en fonction de laquelle la section qui vient d'être définie par la loi $+ : \mathcal{C}\times\mathcal{C} \longrightarrow \mathcal{C}$ est décrite par un H-torseur E sur P^2. Le lecteur peu au fait de la théorie des gerbes préfèrera la description suivante de la loi correspondante $+ : \mathcal{D}\times\mathcal{D} \longrightarrow \mathcal{D}$ à partir du torseur E : pour tout objet U du site $\mathcal{S}$, et toute paire (s_1,W_1) et (s_2,W_2) d'objets de $\mathcal{D}(U)$, on définit, en termes de E, la loi d'addition de $\mathcal{D}$ par la règle

$$(s_1,W_1) + (s_2,W_2) = (s_1+s_2\,,\ W_1 \wedge W_2 \wedge (s_1,s_2)^*E) \tag{7.4.2}$$

où $(s_1,s_2) : U \longrightarrow P\times P$ est la flèche définie par les sections données s_1 et s_2 de P. En particulier, en prenant pour W_1 et W_2 les torseurs triviaux, on constate dans l'une ou l'autre description précédentes que la loi d'addition en question est caractérisée par le fait que, pour toute paire de sections s_1,s_2 de P, $X_{s_1}+X_{s_2}$ est l'objet de $\mathcal{C}(U)$ obtenu en tordant $X_{s_1+s_2}$ par le torseur $E_{s_1,s_2} = (s_1,s_2)^*E$.

A partir de cette description de la loi d'addition, il est facile à dire à quoi correspondent les axiomes de structure de la catégorie de Picard stricte $\mathcal{C}$: la donnée d'un isomorphisme de foncteurs

$$\tau_{y,x} : y+x \longrightarrow x+y$$

$$(\text{resp.} \qquad \sigma_{x,y,z} : (x+y)+z \longrightarrow x+(y+z)\ )$$

équivaut en effet à celle d'un morphisme de torseurs $\xi : s^*E \longrightarrow E$, où s désigne comme précédemment le morphisme qui permute les facteurs de P^2 (resp. un morphisme de torseurs ψ (7.1.1)). Dire que les morphismes σ satisfont à l'axiome du pentagone [32] I 1.1.1), équivaut à l'assertion que les morphismes ψ correspondants satisfont aux conclusions du lemme 7.2, alors que l'axiome de l'hexagone de loc. cit. I 2.1.1, qui relie les foncteurs σ et τ, équivaut à l'assertion que la conclusion du lemme 7.3 est satisfaite. Pour que $\mathcal{C}$ soit une catégorie de Picard, on requiert en outre que la flèche $\tau_{y,x}\circ\tau_{x,y} = x+y \longrightarrow y+x \longrightarrow x+y$ soit l'identité, c'est-à-dire que la flèche composée

$$E \xrightarrow{s^*\xi} s^*E \xrightarrow{\xi} E \tag{7.4.3}$$

soit l'application identique. Enfin l'axiome des catégories de Picard strictes $\tau_{x,x} = 1_{x+x}$, équivaut à la condition que l'image inverse $\Delta^*\xi : \Delta s^*E \longrightarrow \Delta E$ de ξ par l'application diagonale, soit l'application canonique γ définie par la relation $s\Delta = s$. En résumé :

Proposition 7.5. *Soit $\mathcal{C}$ un champ en groupoïdes sur un site $\mathcal{S}$ de topos associé* T *tel que* $\pi_1(\mathcal{C}) = P$ *(resp.* $\pi_0\mathcal{C} = H$*) soit un groupe abélien de* T*, et pour lequel la gerbe* $\mathcal{C}_{|P}$ *sous-jacente à* $\mathcal{C}$ *est trivialisée par le choix d'une section. Alors la donnée d'une structure de champ de Picard strict sur* $\mathcal{C}$*, pour laquelle les lois de groupes induites sur* P *et sur* H *sont les lois données, équivaut au choix d'un* H*-torseur* E *au-dessus de* P^2 *et d'une paire de morphisme de torseurs*

$$\xi : s^*E \longrightarrow E$$

$$\psi : (m\times 1)^*E \wedge p_{12}^*E \longrightarrow (1\times m)^*E \wedge p_{23}^*E$$

tels que

i) *les diagrammes* (7.2.1) *et* (7.3.1) *sont commutatifs.*

ii) $\xi \circ s^*\xi = 1_E$.

iii) $\Delta^*\xi$ *est l'application canonique définie par la relation* $s\Delta = \Delta$.

Exemple 7.6. Soit E une biextension symétrique de (P,P) par H ; par définition, E est muni d'un morphisme $\xi = s^*E \longrightarrow E$ qui satisfait à iii) ainsi que, d'après le corollaire 1.7, à ii). En outre, on a associé en (2.8.7) à E un morphisme ψ_E, dont la donnée équivaut à celle d'un morphisme de torseurs ψ du type souhaité. Les lemmes 7.2 et 7.3 impliquent alors que les morphismes ξ et ψ satisfont à la condition i).

7.7. A vrai dire, les champs de Picard que l'on obtient de cette manière à partir d'une biextension symétrique E, sont de nature très particulière. Pour en élucider les propriétés, il nous faut tout d'abord examiner sous quelles conditions un champ de Picard est trivialisable. De manière tout à fait générale, on notera Triv(P,H) le champ de Picard trivial défini par le H-torseur trivial sur $P\times P$ (muni des isomorphismes canoniques ξ, ψ), et on appellera trivialisation d'un champ de Picard $\mathcal{C}$

de T (de groupes associés P et H) la donnée d'un foncteur additif (au sens de [41] XVIII 1.4.6)

(7.7.1) $$F : \mathrm{Triv}(P,H) \longrightarrow \mathcal{C}$$

induisant l'identité sur le faisceau P des classes d'isomorphismes d'objets (resp. le faisceau H des automorphismes de l'objet trivial). Or, se donner un foncteur F équivaut à choisir une section t de la gerbe $\mathcal{C}_{|P}$ sous-jacente à P. En particulier, lorsque $\mathcal{C}$ est supposé, comme précédemment, à gerbe sous-jacente trivialisée, le choix de la section t en question équivaut à celui d'un H-torseur L au-dessus de P. Le fait qu'un tel foncteur F satisfasse à la condition

$$F(x+y) \xrightarrow{\sim} F(x) + F(y)$$

pour toute paire d'objets x,y de sa source, équivaut à l'assertion qu'il existe un isomorphisme de H-torseurs sur P^2 :

$$\alpha : E \stackrel{\sim}{-} \Lambda(L) ,$$

où E est à nouveau le torseur qui définit la loi de groupe de $\mathcal{C}$. Enfin, les conditions de compatibilité de F aux isomorphismes de commutativité et d'associativité qui figurent dans la définition d'un foncteur additif de loc. cit., équivalent respectivement à l'assertion que α est compatible aux données de symétrie ξ et aux données d'associativité ψ ($\Lambda(L)$ étant munie des données canoniques décrites en (2.1.10) et (2.1.11)). On a donc démontré la proposition suivante.

Proposition 7.8. *Soit* (E,ξ,ψ) *un triple d'objets satisfaisant aux conditions de la proposition* 7.5. *Alors le champ de Picard (à gerbe triviale) associé à ce triple est trivial si et seulement si il existe un* H-*torseur* L *sur* P *et un morphisme de torseurs* $\alpha : E \longrightarrow \Lambda(L)$ *compatible à* ξ *et* ψ.

En se reportant à la définition de structure du cube (étendue) donnée en 2.8, on en déduit immédiatement le :

Corollaire 7.9. *Soient* (E, ξ_E) *une biextension symétrique de* (P,P) *par* H *et* $\mathcal{C}$ *le champ de Picard associé. Une condition nécessaire et suffisante pour que* $\mathcal{C}$ *soit trivialisable, est qu'il existe un* H*-torseur* L *sur* P *et un morphisme de torseurs* $\alpha : E \longrightarrow \Lambda(L)$, *tel que* (L,E,α) *définisse une structure du cube sur* L.

Ce corollaire est surtout utilisé sous sa forme de condition nécessaire. En effet, par loc. cit. prop. 1.4.15, à un champ de Picard strict $\mathcal{C}$ d'invariants $P = \pi_o \mathcal{C}$ et $H = \pi_1 \mathcal{C}$ correspond un objet K de la catégorie dérivée de T à cohomologie concentrée en $[-1,0]$, et tel que $H^{-1}(K) = H$ et $H^o(K) = P$. Un tel objet est entièrement déterminé, à isomorphisme près, par la flèche $P \longrightarrow H[2]$ qu'on déduit du triangle distingué canonique

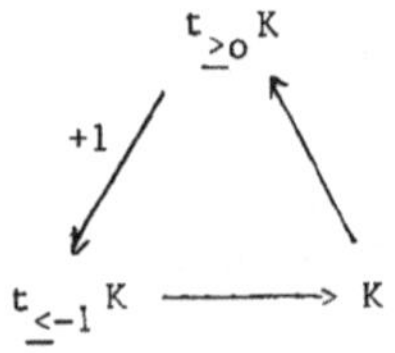

et des isomorphismes $t_{\geq o}K \simeq P$, $t_{\leq -1}K \simeq H$, c'est-à-dire par un élément du groupe $Ext^2(P,H)$. Or, dans les sites usuels, ce groupe est très souvent nul lorsque P est représentable par un objet du site (voir [3] § 10 et [4] théorème et prop. 1), ce qui implique que tout champ de Picard d'invariants P et H est trivialisable. On en tire notamment que, sous l'hypothèse de nullité de $Ext^2(P,H)$ en question, toute biextension symétrique E de (P,P) par H provient d'un H-torseur L sur P.

Remarques 7.10.

i) Dans le cas où P est un schéma abélien, et $H = G_m$, le corollaire 7.9 est bien connu (voir par exemple [26] théorème énoncé en note de la page 77). J'en avais également donné une démonstration dans [3] § 10, où la nullité du terme $Ext^2(P,G_m)$ intervient de manière assez mystérieuse, alors que la démonstration présente en élucide la signification.

ii) Si les catégories $S(P,H)$ et $CUB(P,H)$ dépendent de manière quadratique de P, il est remarquable que l'obstruction à ce que le foncteur $\Lambda : CUB(P,H) \longrightarrow S(P,H)$ soit essentiellement surjectif se trouve dans le groupe $Ext^2(P,H)$, qui est additif en P.

iii) En fait, puisque le champ $\mathcal{C}$ qui correspond à E est à gerbe sous-jacente triviale, l'obstruction à ce que E provienne d'un objet L de $CUB(P,H)$ est dans le noyau de la flèche $Ext^2(P,H) \longrightarrow H^2(P,H)$ induite par le morphisme canonique $\mathbb{Z}[P] \longrightarrow P$, mais cette énoncé plus précis est moins agréable puisque ce noyau ne dépend plus additivement de P.

7.11. Nous allons maintenant montrer, que les champs de Picard que l'on obtient à partir d'une biextension symétrique E par le procédé indiqué dans l'exemple 7.6, sont de nature très particulière. Pour cela, il nous faut tout d'abord, faute de références adéquates, examiner quelle est la fonctorialité en H d'un champ de Picard strict $\mathcal{C}$ d'invariants $\pi_o\mathcal{C} = P$ et $\pi_1\mathcal{C} = H$. La construction correspondante pour la gerbe sous-jacente à $\mathcal{C}$ est expliquée (sans l'hypothèse que H est abélien) dans [11] IV 2.3.18.

Soit donc $f : H \longrightarrow H'$ un morphisme de groupes abéliens de noyau K du topos T associé à un site $\mathcal{S}$. On suppose que le champ $\mathcal{C}$ d'invariants P et H est scindé. Alors, pour toute paire d'objets X et Y de $\mathcal{C}(U)$, où U est un objet du site S, $\underline{Hom}_{\mathcal{C}(U)}(x,y)$ est, via le morphisme (7.4.1), un H-pseudo-torseur de $T_{|U}$. On définit alors un préchamp $\mathcal{C}^1$ fibré sur $\mathcal{S}$, de mêmes objets que $\mathcal{C}$ en prenant pour $\underline{Hom}_{\mathcal{C}^1(U)}(x,y)$ le pseudo-torseur défini à partir de $\underline{Hom}_{\mathcal{C}(U)}(x,y)$ par extension de H à H' du groupe structural. Dans le cas où f est un épimorphisme, la donnée d'une flèche $\alpha : X \longrightarrow Y$ dans $\mathcal{C}(U)$ équivaut à la donnée locale de flèches de $X_{U'}$ vers $Y_{U'}$ dans $\mathcal{C}(U')$ (pour un morphisme $U' \longrightarrow U$ couvrant du site $\mathcal{S}$) qui se recollent modulo des éléments de K. Les accouplements de composition dans $\mathcal{C}^1$ (resp. la loi d'addition $+ : \mathcal{C}^1 \times \mathcal{C}^1 \longrightarrow \mathcal{C}^1$) se déduisent alors des accouplements correspondants dans $\mathcal{C}$ (resp. de la loi d'addition de $\mathcal{C}$), et on note $\mathcal{C} \overset{H}{\wedge} H'$ le champ associé à $\mathcal{C}^1$. On constate que c'est un champ de Picard strict dont la gerbe sous-jacente s'obtient à partir de celle sous-jacente à $\mathcal{C}$ par extension du lien structural de H à H'. Enfin, si la gerbe sous-jacente à $\mathcal{C}$ est trivialisée par le choix d'une section s en termes de laquelle la loi de groupe de $\mathcal{C}$ est décrite par un triple (E,ξ,ψ) , alors la loi de groupe de $\mathcal{C}\overset{H}{\wedge}H'$ relativement à la section s' de la gerbe sous-jacente induite par s est le triple $(E\overset{H}{\wedge}H',\xi\wedge 1,\psi\wedge 1)$, où $E\overset{H}{\wedge}H'$ désigne comme toujours le torseur obtenu à partir de E par extension du groupe structural. On dira désormais que $\mathcal{C}\overset{H}{\wedge}H'$ est le champ de Picard obtenu à partir de $\mathcal{C}$ par extension du lien structural. Dans le cas où le morphisme considéré est le morphisme $n : H \longrightarrow H$ d'élévation à la puissance n, on notera $n_*\mathcal{C}$ le champ de Picard d'invariants P et H correspondant.

Cette notion d'extension du groupe structural dans une catégorie de Picard, nous permet de préciser la nature des champs de Picard associé à une biextension symétrique. Soient en effet (E,ξ,ψ) un triple du type considéré dans la proposition 7.8 et $\mathcal{C}$ le champ de Picard strict associé. Il résulte de cette proposition que l'existence d'un H-torseur M sur P, muni d'un isomorphisme $\alpha : E^2 \longrightarrow \Lambda M$ compatible à ξ^2, ψ^2, équivaut à celle d'une trivialisation du champ $2_*\mathcal{C}$ induit par $\mathcal{C}$.
En particulier, si (E,ξ) est une biextension symétrique de (P,P) par H, on dispose par (5.1.8) d'un morphisme canonique de torseurs $c_E : E^2 \longrightarrow \Lambda\Delta E$. L'exemple 2.9 montre que le morphisme $\gamma_E : E\wedge s^*E \longrightarrow \Lambda\Delta E$ (1.2.9) qui factorise c_E, est compatible aux données ξ,ψ naturelles sur sa source et son but. Pour vérifier qu'il en est de même de c_E, il suffit de vérifier que l'autre facteur $E^2 \xrightarrow{1\wedge\xi^{-1}} E\wedge s^*E$ de c_E est, lorsque son but est muni de sa donnée de symétrie canonique (1.5.1), un morphisme de biextensions symétriques, ce qui résulte aisément de la proposition 1.6 et de son corollaire. Ceci nous montre à quelle propriété particulière satisfont les champs de Picard $\mathcal{C}$ construits par la méthode du corollaire 7.9 à partir d'une biextension symétrique E : ce sont des champs $\mathcal{C}$ pour lesquels le champ $2_*\mathcal{C}$ induit est canoniquement trivialisé comme champ de Picard strict (par la paire ΔE , c_E).

On peut même pousser cette discussion un peu plus loin en examinant, sous quelles conditions, il existe une trivialisation du champ de Picard $\mathcal{C}$ compatible avec la trivialisation donnée de $2_*\mathcal{C}$. La proposition 7.8 fournit alors le raffinement suivant du corollaire 7.9 :

Proposition 7.12. *Soient* (E,ξ_E) *une biextension symétrique de* (P,P) *par* H, *et* $\mathcal{C}$ *le champ de Picard associé, muni de la trivialisation canonique de* $2_*\mathcal{C}$ *définie par la paire* $(\Delta E\, ,\, c_E)$. *Alors une condition nécessaire et suffisante pour que* $\mathcal{C}$ *admette une trivialisation induisant la trivialisation canonique de* $2_*\mathcal{C}$ *est qu'il existe un* H*-torseur* L *sur* P, *et des morphismes de torseurs* $\alpha : E \longrightarrow \Lambda(L)$, $\beta : \Delta E \longrightarrow L^2$, *tels que* (L,E,α,β) *définisse une* Σ*-structure sur* L.

Il est facile de vérifier au moyen du dictionnaire de [41] XVIII , que le groupe des classes d'équivalences de paires $(\mathcal{C},s)$, où $\mathcal{C}$ est un champ de Picard d'invariants $\pi_0\mathcal{C} = P$ et $\pi_1\mathcal{C} = H$ et s est une trivialisation du champ induit $2_*\mathcal{C}$, est isomorphe au groupe $\mathrm{Ext}^2(P\overset{L}{\otimes}\mathbb{Z}/2\, ,H)$: on le constate sans difficulté en utilisant la résolution $\mathbb{Z}\xrightarrow{2}\mathbb{Z}$ de $\mathbb{Z}/2\mathbb{Z}$. De la même manière, l'objet correspondant $\underline{\mathrm{Ext}}^2(P\overset{L}{\otimes}\mathbb{Z}/2\, ,H)$ est la faisceau associé au préfaisceau dont les sections sur un objet U du site $\mathcal{S}$ sont les paires $(\mathcal{C},s)$, où $\mathcal{C}$ est maintenant un champ de Picard de $T_{|U}$ d'invariants $P_{|U}$ et $H_{|U}$, et s une trivialisation de $2_*\mathcal{C}$. Le groupe $\mathrm{Ext}^2(P\overset{L}{\otimes}\mathbb{Z}/2\, ;H)$, qui mesure l'obstruction à ce que le foncteur

$$\Lambda : \Sigma(P,H) \longrightarrow S(P,P\, ;H)$$

soit essentiellement surjectif, et plus encore le faisceau associé $\underline{\mathrm{Ext}}^2(P\overset{L}{\otimes}\mathbb{Z}/2\, ,H)$ qui mesure l'obstruction à ce que cette dernière propriété soit localement vraie, s'annulent très fréquemment. Ainsi, pour $H = G_m$, c'est notamment le cas dans la topologie plate pour ce faisceau, dès que P est un S-schéma en groupes commutatif pour lequel le morphisme d'élévation au carré est isogénie. En effet, dans ce cas, l'objet $P\overset{L}{\otimes}\mathbb{Z}/2$ de la catégorie dérivée de T s'identifie à ${}_2P[1]$, et le faisceau $\underline{\mathrm{Ext}}^2(P\overset{L}{\otimes}\mathbb{Z}/2\, ,G_m)$ à $\underline{\mathrm{Ext}}^1({}_2P,G_m) = 0$. En résumé :

Corollaire 7.13. *Soit* P *un* S*-schéma en groupes commutatif pour lequel le morphisme d'élévation au carré est une isogénie. Alors toute biextension symétrique de* (P,P)

par G_m *se relève, localement sur* S *pour la topologie plate, en un* G_m*-torseur* L *muni d'une* Σ*-structure.*

§ 8. Interprétation homotopique.

8.1. Soient P, Q et H trois groupes abéliens d'un topos T. Grothendieck a montré dans [42] que le champ de Picard strict des biextensions de P, Q par H, s'interprétait en termes homologique de la manière suivante : c'est le champ associé, par le dictionnaire de [41] XVIII proposition 1.4.15, à l'objet $t_{\leq 0}\ \mathrm{Rhom}(P \overset{L}{\underset{\mathbb{Z}}{\otimes}} Q, H[1])$ de la catégorie dérivée de T, où $P \overset{L}{\underset{\mathbb{Z}}{\otimes}} Q$ désigne le foncteur dérivé du fonction additif $Q \longmapsto P \otimes Q$. Lorsque P = Q, on peut également dériver le foncteur $P \longmapsto P \otimes P$ par rapport à P. Ce foncteur n'étant plus additif, mais seulement quadratique, ceci existe quelques précautions, et il convient d'adopter la méthode due à Dold-Puppe dans le cas ponctuel [8], et dont on trouvera la globalisation dans [16] I 4.2.2. Contentons nous pour l'instant de rappeler que, pour tout foncteur F du champ Ab_T des groupes abéliens de T dans lui-même, qui commute aux limites inductives locales, on dipose par loc. cit. d'un foncteur dérivé gauche

$$LF : D^{-}(Ab_T) \longrightarrow D(Ab_T) \tag{8.1.1}$$

de la catégorie dérivée des complexes de T à cohomologie bornée supérieurement dans la catégorie dérivée de T. En particulier, pour tout groupe abélien P de T, considéré comme concentré en degré 0, on notera LFP son image par ce foncteur (une notation plus courante serait d'ailleurs LF(P,0)). Dans le cas où F est un foncteur additif, LFP ainsi défini coïncide avec le foncteur dérivé usuel de F, évalué en P.

Les deux manières de dériver le produit tensoriel de P avec lui-même qui viennent d'être considérées sont équivalentes : en effet, si M(P) désigne une résolution à composantes $\mathbb{Z}$-plates fixée de l'objet P, l'objet $P \overset{L}{\otimes} P$ que nous avons considéré en premier, est représenté par le complexe $M(P) \underset{\mathbb{Z}}{\otimes} M(P)$, alors que $(L\overset{2}{\otimes})(P)$ l'est par le complexe $\overset{2}{\underset{\mathbb{Z}}{\otimes}} M(P)$ (où le foncteur non additif $F = \overset{2}{\underset{\mathbb{Z}}{\otimes}}$ est étendu aux complexes de T de la manière non naïve précisée dans loc. cit. I 4.1.3.2). Mais le théorème d'Eilenberg-Zilber fournit, pour tout complexe K de T, une équivalence d'homotopie entre $K\otimes K$ et $\overset{2}{\otimes}K$ (voir [8] exemple 2.10). On en déduit, en appliquant ce résultat au complexe $M(P)$, que les objets $P \overset{L}{\underset{\mathbb{Z}}{\otimes}} P$ et $L\overset{2}{\underset{\mathbb{Z}}{\otimes}} P$ de $D(Ab_T)$ sont isomorphes, d'où un isomorphisme

$$(8.1.2) \qquad \underline{\mathrm{Rhom}}(P \overset{L}{\otimes} P\,,\, H[1]) \xrightarrow{\sim} \underline{\mathrm{Rhom}}(L\overset{2}{\otimes} P\,,\, H[1])\,.$$

Ceci justifie, pour des foncteurs F déduits de $\overset{2}{\underset{\mathbb{Z}}{\otimes}}$, de considérer les champs correspondant aux complexes $t_{\leq 0}\,\underline{\mathrm{Rhom}}(LFP\,,\,H[1])$ pour en extraire des variantes de la notion de biextension.

8.2. Les foncteurs F que nous considérerons sont les suivants :

i) F est la composante Sym^2 (resp. $\overset{2}{\wedge}$, resp. Γ_2) de degré 2 de l'algèbre symétrique (resp. extérieure, resp. à puissances divisées) sur $\mathbb{Z}$.

ii) Soient $\mathbb{Z}[P]$ le groupe abélien libre engendré par l'ensemble sous-jacent à un groupe abélien P, et $I = \ker(\mathbb{Z}[P] \xrightarrow{\varepsilon} \mathbb{Z})$ l'idéal d'augmentation de l'algèbre du groupe $\mathbb{Z}[P]$. On sait que I_P est engendré comme sous-groupe par les éléments de la forme $[p]-[0]$, et la puissance I_P^n de l'idéal I_P l'est donc par les éléments $([p_1]-[0]) * \ldots * ([p_n]-[0])$, où $*$ désigne la loi d'anneau de $\mathbb{Z}[P]$. On pose

$$P_n(P) = \mathbb{Z}[P]/I_P^{n+1}$$

$$(\text{resp.} \qquad P_n^+(P) = I_p/I_P^{n+1} \quad).$$

Le groupe $P_n(P)$ est, par définition, universel pour les applications de degré n de P dans H au sens de [28].

En particulier, pour $n = 1,2$, $P_n(P)$ est universel pour les flèches $f : P \longrightarrow H$ telles que, respectivement

$$f(p_1+p_2) - f(p_1) - f(p_2) + f(0) = 0$$

et

$$(8.2.1) \quad f(p_1+p_2+p_3) - f(p_1+p_2) - f(p_1+p_3) - f(p_2+p_3) + f(p_1) + f(p_2) + f(p_3) - f(0) = 0$$

pour tous $p_i \in P$.

Puisque la suite exacte

$$0 \longrightarrow I_P \longrightarrow \mathbb{Z}[P] \overset{\longleftarrow}{\longrightarrow} \mathbb{Z} \longrightarrow 0$$

est canoniquement scindée par le choix de l'élément [0] de $\mathbb{Z}[P]$, $P_n^+(P)$ est de la même manière l'objet universel pour les applications $f : P \longrightarrow H$ de degré n telles que $f(0) = 0$, c'est-à-dire notamment, dans le cas où $n = 1$, pour les homomorphismes $f : P \longrightarrow H$ (resp. dans le cas $n = 2$, pour les applications $f : P \longrightarrow H$ telles que la relation

$$(8.2.2) \quad f(p_1+p_2+p_3) - f(p_1+p_2) - f(p_1+p_3) - f(p_2+p_3) + f(p_1) + f(p_2) + f(p_3) = 0$$

soit satisfaite) ; dans le cas $n = 1$, on retrouve ainsi l'isomorphisme bien connu

$$(8.2.3) \qquad P \xrightarrow{\sim} I_P/I_P^2$$

défini par $p \longrightarrow [p] - [0] \bmod I_P^2$ (voir [34] VII § 4).

De la filtration de $\mathbb{Z}[P]$ par les puissance de I_P, nous retiendrons la suite exacte

$$(8.2.4) \qquad 0 \longrightarrow I_P^2/I_P^3 \longrightarrow I_P/I_P^3 \longrightarrow I_P/I_P^2 \longrightarrow 0 .$$

Il est également élémentaire que, dans le cas ensembliste pour P libre sur $\mathbb{Z}$, la flèche

$$\mathrm{Sym}^2_{\mathbb{Z}}(P) \longrightarrow I_P^2/I_P^3$$

définie à partir de (8.2.3) par la structure d'algèbre commutative de $\mathrm{gr}_I(\mathbb{Z}[P])$, c'est-à-dire par

$$p_1 \cdot p_2 \longrightarrow ([p_1]-[0]) * ([p_2]-[0]) = [p_1+p_2] - [p_1] - [p_2] + [0] \bmod I_P^3$$

est un isomorphisme ; c'est d'ailleurs le cas pour P un groupe abélien quelconque (voir [28] théorème 8.6), mais nous n'utiliserons pas cet énoncé plus fin. La suite (8.2.4) se réécrit donc

$$(8.2.5) \qquad 0 \longrightarrow \mathrm{Sym}^2_{\mathbb{Z}} P \xrightarrow{\alpha} P_2^+(P) \xrightarrow{\beta} P \longrightarrow 0 .$$

Notons dorénavant $q_2(p)$ la classe de $[p] - [0] \bmod I_P^3$. C'est un élément de P_2^+P

et l'ensemble des $q_2(p)$ (pour p parcourant les éléments de P) et des relations

(8.2.6) $q_2(p_1+p_2+p_3) - q_2(p_1+p_2) - q_2(p_1+p_3) - q_2(p_2+p_3) + q_2(p_1) + q_2(p_2) + q_2(p_3) = 0$

définit une présentation de $P_2^+(P)$; enfin, les homomorphismes α et β de (8.2.5) s'écrivent maintenant

(8.2.7) $$\alpha(p_1 \cdot p_2) = q_2(p_1+p_2) - q_2(p_1) - q_2(p_2)$$

(8.2.8) $$\beta(q_2(p)) = p \,.$$

Venons-en au groupe $\Gamma_2 P$. C'est l'objet universel pour les applications quadratiques de P dans H, et la présentation qui en est donnée en [9] § 13 (où il est malheureusement noté $\Gamma_4 P$) montre que c'est le quotient de $P_2^+(P)$ par la relation $q_2(p) = q_2(-p)$, la flèche canonique envoyant le générateur $q_2(p)$ de $P_2^+(P)$ vers la seconde puissance divisée $\gamma_2(p)$ de p. La suite exacte suivante que l'on trouve loc. cit. 13.8 est l'analogue, pour Γ_2, de la suite exacte (8.2.5) :

(8.2.9) $$0 \longrightarrow \mathrm{Sym}^2_{\mathbb{Z}} P \xrightarrow{\alpha} \Gamma_2 P \xrightarrow{\beta} P/2P \longrightarrow 0 \,.$$

Comme précédemment, α est induite par la structure d'algèbre de ΓP, c'est-à-dire que

(8.2.10) $$\alpha(p_1 \cdot p_2) = \gamma_1(p_1) \cdot \gamma_1(p_2) = \gamma_2(p_1+p_2) - \gamma_2(p_1) - \gamma_2(p_2)$$

alors que β est définie par

(8.2.11) $$\beta(\gamma_2(p)) = p \bmod 2P \,.$$

En comparant entre elles les formules (8.2.7), (8.2.8) et (8.2.10), (8.2.11), on constate que le diagramme

(8.2.12) $$\begin{array}{ccccccccc} 0 & \longrightarrow & \mathrm{Sym}^2 P & \xrightarrow{\alpha} & P_2^+(P) & \xrightarrow{\beta} & P & \longrightarrow & 0 \\ & & \| & & \downarrow & & \downarrow & & \\ 0 & \longrightarrow & \mathrm{Sym}^2 P & \xrightarrow{\alpha} & \Gamma_2(P) & \xrightarrow{\beta} & P/2P & \longrightarrow & 0 \end{array}$$

dans lequel les flèches verticales sont les projections canoniques, est un diagramme commutatif.

8.3. Il existe une autre manière de comparer entre eux les foncteurs Sym^2 et Γ_2 : on dispose en effet, pour tout groupe abélien P, d'une suite exacte

$$(8.3.1) \qquad 0 \longrightarrow \overset{2}{\Lambda} P \xrightarrow{\varphi_1} P \otimes P \xrightarrow{\varphi_2} \mathrm{Sym}^2 P \longrightarrow 0$$

où φ_1 est définie par $\varphi_1(p_1 \wedge p_2) = p_1 \otimes p_2 - p_2 \otimes p_1$, et φ_2 est la projection canonique. De la même façon, lorsque P est libre, on dispose d'une suite exacte

$$(8.3.2) \qquad 0 \longrightarrow \Gamma_2 P \xrightarrow{\psi_1} P \otimes P \xrightarrow{\psi_2} \overset{2}{\Lambda} P \longrightarrow 0 ,$$

où $\psi_1(\gamma_2(p)) = p \otimes p$ et ψ_2 est la projection canonique : en effet l'algèbre $\Gamma(P)$ à puissances divisées sur P s'identifie, sous cette hypothèse sur P, à l'algèbre des tenseurs de P invariants sous l'action du groupe symétrique qui permute les tenseurs (voir [5] exposé 8, proposition 4).

La relation recherchée entre Sym^2 et Γ^2 est celle qui s'obtient en mettant bout à bout ces deux suites exactes (qui sont en fait une petite partie du formalisme de Koszul, cf. [16] I 4.3.1). Nous allons maintenant l'utiliser pour interpréter le champ correspondant au complexe $t_{\leq 0}\, \underline{\mathrm{Rhom}}(\mathrm{L}\,\mathrm{Sym}^2 P\, , H[1])$. Il nous faut, pour y parvenir, trouver une description agréable de l'objet $\mathrm{L\,Sym}^2\, P$. De manière précise, notre but est de trouver une réalisation de cet objet dont les composantes soient des sommes finies de termes de la forme $\mathbb{Z}[P^n]$. Pour cela, on considère les triangles distingués

$$(8.3.3) \qquad \begin{array}{ccccc} & & \mathrm{L\,Sym}^2 P & & \\ & {\scriptstyle +1} \swarrow & & \nwarrow {\scriptstyle \mathrm{L}\varphi_2} & \\ \mathrm{L}\overset{2}{\Lambda} P & & \xrightarrow{\mathrm{L}\varphi_1} & & \mathrm{L}\overset{2}{\otimes} P \end{array}$$

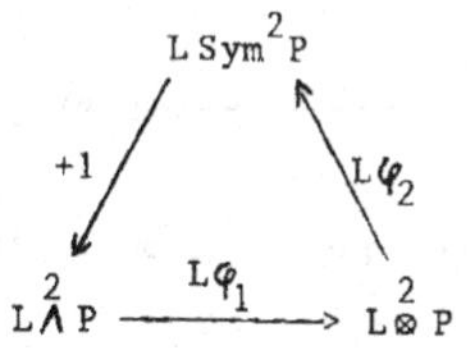

et

$$(8.3.4) \qquad \begin{array}{ccccc} & & \mathrm{L}\overset{2}{\Lambda} P & & \\ & {\scriptstyle +1} \swarrow & & \nwarrow {\scriptstyle \mathrm{L}\psi_2} & \\ \mathrm{L}\Gamma_2 P & & \xrightarrow{\mathrm{L}\psi_1} & & \mathrm{L}\overset{2}{\otimes} P \end{array}$$

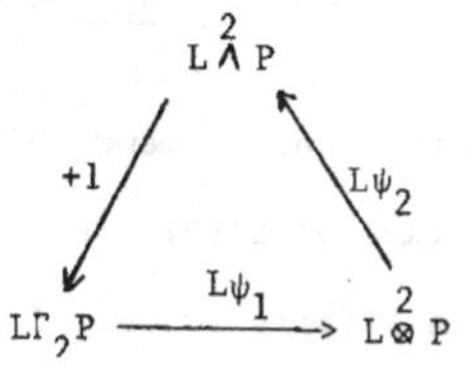

déduits des suites exactes (8.3.1) et (8.3.2). Supposons choisis des complexes $X(P)$ et $Y(P)$ du type souhaité réalisant respectivement $L\Gamma_2 P$ et $L\overset{2}{\otimes} P$ et des flèches $f : X(P) \longrightarrow Y(P)$, resp. $g : Y(P) \longrightarrow Y(P)$ qui définissent $L\psi_1$ et $L(\psi_2\varphi_1)$. Alors, puisque les triangles (8.3.3) et (8.3.4) sont distingués, le complexe total $S(P)$ associé au complexe double

$$X(P) \xrightarrow{f} Y(P) \xrightarrow{g} Y(P) , \tag{8.3.5}$$

où les composantes de $X(P)$ (resp. du $Y(P)$ intermédiaire, resp. du $Y(P)$ de droite) sont de premier degré -2 (resp. -1, resp. 0) est un représentant de $L\,\mathrm{Sym}^2 P$, au moyen duquel $\underline{\mathrm{Rhom}}(L\,\mathrm{Sym}^2 P , H[1])$ peut être calculé. Puisque seul le tronqué $t_{\leq 0}\, \underline{\mathrm{Rhom}}(L\,\mathrm{Sym}^2 P , H[1])$ nous concerne ici, le complexe $S(P)$ peut d'ailleurs être légèrement modifié sans que cela porte à conséquence : soient en effet $\pi : X'(P) \longrightarrow X(P)$ un morphisme de complexes tel que $H_0(\pi) : H_0(X'(P)) \longrightarrow H_0(X(P))$ soit un épimorphisme, et $S'(P)$ le complexe associé au bicomplexe

$$X'(P) \xrightarrow{f\pi} Y(P) \xrightarrow{g} Y(P) \tag{8.3.6}$$

(avec les mêmes conventions sur les degrés qu'en (8.3.5)). Alors le morphisme $u_P : S'(P) \longrightarrow S(P)$ induit par π définit un triangle

$$\begin{array}{ccc} & C(u_P)) & \\ \swarrow & & \nwarrow \\ S'(P) & \xrightarrow{\quad u_P \quad} & S(P) \end{array} ,$$

et l'hypothèse faite sur π implique que la cohomologie de $C(u_P)$ est concentrée en degré ≤ -3, et donc que la flèche

$$t_{\leq 0}\, \underline{\mathrm{Rhom}}(S(P) , H[1]) \longrightarrow t_{\leq 0}\, \underline{\mathrm{Rhom}}(S'(P) , H[1])$$

induite par u_P est un quasi-isomorphisme. Le même raisonnement implique que l'on peut remplacer la réalisation partielle $S'(P)$ de $L\,\mathrm{Sym}^2 P$ par son tronqué naïf $S''(P) = \sigma_{[-2}\, S'(P)$, sans que cela affecte le calcul de $t_{\leq 0}\, \underline{\mathrm{Rhom}}(- , H[1])$.

Soit maintenant M(P) la résolution partielle canonique de P décrite en [42] VII 3.5.1 : c'est le complexe

$$\mathbb{Z}[P^3] \times \mathbb{Z}[P^2] \xrightarrow{\partial_2} \mathbb{Z}[P^2] \xrightarrow{\partial_1} \mathbb{Z}[P]$$

où

(8.3.7)
$$\begin{aligned} \partial_1[x,y] &= -[y] + [x+y] - [x] \\ \partial_2[x,y,z] &= -[y,z] + [x+y,z] - [x,y+z] + [x,y] \\ \partial_2[x,y] &= [x,y] - [y,x] \;. \end{aligned}$$

Comme on l'a expliqué en 8.1, le complexe $Y(P) = M(P) \otimes M(P)$ réalise $L \overset{2}{\otimes} P$, et les isomorphisme $\mathbb{Z}[P^r] \otimes \mathbb{Z}[P^s] \simeq \mathbb{Z}[P^{r+s}]$ font que c'est encore un complexe du type souhaité. Pour toute paire de générateurs $\alpha = [x_1,\dots,x_r]$, $\beta = [y_1,\dots,y_s]$ de facteurs $\mathbb{Z}[P^r]$ et $\mathbb{Z}[P^s]$ de composantes de M(P), on notera désormais $[x_1,\dots,x_r ; y_1,\dots,y_s]$ l'élément de $\mathbb{Z}[P^{r+s}]$ qui correspond à $\alpha\otimes\beta$ par l'isomorphisme $\mathbb{Z}[P^r] \otimes \mathbb{Z}[P^s] \longrightarrow \mathbb{Z}[P^{r+s}]$. Ainsi la composante de degré 0 de Y(P) est engendrée par des éléments $[u ; v]$, celle de degré -1 par des éléments $[u,v ; w]$ et $[u ; v,w]$, etc... , les différentielles s'explicitant aisément à partir des formules (8.3.7). Puisque la flèche

$$s : M(P) \otimes M(P) \longrightarrow M(P) \otimes M(P)$$

définie par $s(x\otimes y) = (-1)^{\deg x \deg y}\, y \otimes x$ est un morphisme de complexes qui relève le morphisme de $P \otimes P$ vers lui-même qui permute les tenseurs, la flèche $g : Y(P) \longrightarrow Y(P)$ définie par $g = 1-s$ réalise $L(\psi_2\varphi_1)$. C'est elle qu'on emploiera en (8.3.6) pour définir explicitement le complexe S'(P) . A ce propos, convenons désormais, pour éviter toute confusion entre les cellules de S(P) qui proviennent d'éléments dans le complexe source et but de g , de réserver la notation qui vient d'être introduite aux termes du complexe but, et d'utiliser des doubles-crochets pour ceux de la source : ainsi la composante de bidegré (-1,0) de S'(P) est engendrée par des éléments $[[v ; v]]$, celle de bidegré (-1,-1) par des éléments $[[u,v ; w]]$ et $[[u ; v,w]]$, etc... .

Pour terminer la description $LSym^2 P$, il nous faut expliciter le complexe $X(P)$ qui réalise $L\Gamma_2 P$. Le choix de la résolution $M(P)$ de P en détermine un : c'est $\Gamma_2 M(P)$ (où le foncteur non additif Γ_2 est étendu aux complexes à la manière de Dold-Puppe (nous en donnerons d'ailleurs une description explicite, en bas degré en 8.7). Cette réalisation n'est pas du type souhaité, puisque ses composantes sont de la forme $\Gamma_2(\mathbb{Z}[P^n])$, mais nous pouvons la remplacer par une réalisation partielle $X(P)$ qui l'est, sans que cela nuise à nos desseins : en effet, la composante de degré 0 de $X(P)$ est $\Gamma_2(\mathbb{Z}[P])$ et l'augmentation $\varepsilon : M(P) \longrightarrow P$ définit une flèche $\Gamma_2 M(P) \longrightarrow \Gamma_2 P$ qui induit, par exactitude à droite du foncteur Γ_2, un isomorphisme $L_o\varepsilon : L_o\Gamma_2(P) = H_o(\Gamma_2(M(P))) \longrightarrow \Gamma_2(P)$ au niveau du H_o. Ainsi l'homomorphisme $\pi : \mathbb{Z}[P] \longrightarrow \Gamma_2(\mathbb{Z}[P])$ défini par $\pi([p]) = \gamma_2([p])$ s'étend en un morphisme de complexes $\pi : \mathbb{Z}[P] \longrightarrow \Gamma_2 M(P)$ (de source concentrée en degré 0), tel que $H_o(\pi) : \mathbb{Z}[P] \longrightarrow \Gamma_2(P)$ soit la projection canonique. La discussion précédente montre alors que le complexe $X(P)$ peut être remplacé par le complexe $X'(P) = \mathbb{Z}[P]$, concentré en degré 0, et il est facile de vérifier que la flèche $\mathbb{Z}[P] \xrightarrow{f} Y(P)_o$ définie par

$$f([p]) = [[p\,;\,p]]$$

réalise le tronqué de $L\psi_1$.

Le complexe $S'(P)$ (8.3.6) est maintenant entièrement décrit. Pour éviter toute confusion, on notera désormais $[[[p]]]$ l'élément de bidegré (-2,0) de $S'(P)$ défini par p. Puisque ce complexe a toutes ses composantes de la forme $\mathbb{Z}[P^s]$, le dictionnaire de [41] XVIII prop. 1.4.15, fournit une interprétation du champ $t_{\underline{<}o}\,\underline{Rhom}(S'(P)\,,H[1])$. Lorsqu'on l'explicite, on trouve :

<u>Proposition</u> 8.4. *Le champ de Picard strict associé à* $t_{\underline{<}o}\,\underline{Rhom}(LSym^2 P\,,H[1])$ *est équivalent au champ des biextensions symétriques de* (P,P) *par* H *(au sens de* 1.4*).*

8.5. Nous allons maintenant déduire de la description précédente de $LSym^2 P$ qu'il existe des représentants des tronqués de $LP_2^+(P)$ et $L\Gamma_2 P$ à composantes des sommes directes de termes $\mathbb{Z}[P^s]$. En effet, les triangles distingués

$$(8.5.1) \qquad \begin{array}{ccc} & P & \\ {}^{+1}\swarrow & & \nwarrow \\ LSym^2P & \longrightarrow & LP_2^+(P) \end{array} \qquad \text{et} \qquad \begin{array}{ccc} & P \overset{L}{\otimes} \mathbb{Z}/2\mathbb{Z} & \\ {}^{+1}\swarrow & & \nwarrow \\ LSym^2P & \longrightarrow & L\Gamma_2 P \end{array}$$

que l'on déduit des suites exactes (8.2.5) et (8.2.9), nous permettent de décrire chacun de ces deux objets en termes des deux autres sommets du triangle distingué dans lequel il vit ; en effet, ces deux autres sommets ont des représentants tronqués du type souhaité : pour $LSym^2P$, c'est ce que l'on vient de vérifier, tandis que la résolution canonique $M(P) \longrightarrow P$ est une réalisation de ce type de P ; enfin, le cône $M(P,\mathbb{Z}/2)$ du morphisme

$$(8.5.2) \qquad M(P) \xrightarrow{\ 2\ } M(P)$$

défini par la multiplication par 2 sur chaque composante réalise $P \overset{L}{\otimes} \mathbb{Z}/2$. Il ne nous reste plus, pour terminer la description de $LP_2^+(P)$ et de $L\Gamma_2(P)$, qu'à réaliser au niveau des complexes les flèches de degré +1 des triangles distingués (8.5.1). Nous allons vérifier que le morphisme $\rho : M(P) \longrightarrow S'(P)$ de degré +1 défini, avec la notation introduite ci-dessus, par

$$(8.5.3) \qquad \begin{aligned} \rho_0[x] &= 0 \\ \rho_1[x,y] &= [x\,;\,y] \\ \rho_2[x,y,z] &= -\,[x,y\,;\,z] + [x\,;\,y,z] \\ \rho_2[x,y] &= [[x,y]] \end{aligned}$$

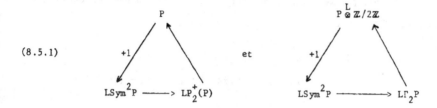

réalise la flèche $P \longrightarrow (LSym^2P)\,[1]$. De la même manière, il nous faudra décrire un morphisme de degré +1 $\tilde{\rho} : M(P\,;\,\mathbb{Z}/2) \longrightarrow S'(P)$ qui réalise la flèche de degré +1 du second triangle distingué (8.5.1). Par commutativité du diagramme (8.2.12) , les deux triangles (8.5.1) sont compatibles entre eux, c'est-à-dire que la restriction de $\tilde{\rho}$ aux termes qui proviennent du complexe but de la flèche (8.5.2) sera le morphisme ρ qui vient d'être décrit. En ce qui concerne les facteurs des composantes de $M(P\,;\,\mathbb{Z}/2)$ définis par le complexe de source de (8.5.2), la restriction de $\tilde{\rho}$ à ces termes sera définie par

(8.5.4)
$$\tilde{\rho}_1[x] = [x,x]$$
$$\tilde{\rho}_2[x,y] = [x+y\,;\,x,y] + [x,y\,;\,x] + [x,y\,;\,y] - [[x,y]]\ .$$

Soit $X_P = C(\rho)[-1]$ (resp. $\tilde{X}_P = C(\tilde{\rho})[-1]$) le translaté du cône du morphisme ρ (resp. $\tilde{\rho}$). Par construction, ces objets vivent dans des triangles distingués

(8.5.5)
$$\begin{array}{ccc} & P & \\ {}^{+1}\swarrow & & \nwarrow \\ LSym^2P & \longrightarrow & X_P \end{array} \qquad\qquad \begin{array}{ccc} & P\overset{L}{\otimes}\mathbb{Z}/2 & \\ {}^{+1}\swarrow & & \nwarrow \\ LSym^2P & \longrightarrow & \tilde{X}_P \end{array}$$

et sont du type souhaité. Il nous faut encore montrer qu'ils réalisent $LP_2^+(P)$ et $L\Gamma_2(P)$ respectivement, et pour cela, il nous suffit de définir un morphisme de chacun de ces triangles dans une réalisation convenable du triangle (8.5.1) correspondant, qui soit l'application identique sur les sommets autres que X_P (resp. $\tilde{X}_P$).

8.6. A ce stade de la discussion, on ne peut plus éviter de considérer la description explicite du tronqué de $LP_2^+(P)$ (resp. $L\Gamma_2(P)$) fourni par la théorie de Dold-Puppe. De manière tout à fait générale, si M. est une résolution $\mathbb{Z}$-plate de P, et F un foncteur de la catégorie des groupes abéliens de T dans elle-même, l'objet simplicial K(M.) associé à M. par la théorie de Dold-Puppe est, une fois tronqué à l'ordre 2, le suivant (voir [16] I ch. 1 § 1.3 ou [18] § 22) :

(8.6.1)
$$M_2 \times s_oM_1 \times s_1M_1 \times s_1s_oM_o \;\substack{\longleftarrow\\ \longrightarrow\\ \longrightarrow\\ \longrightarrow\\ \longleftarrow}\; M_1 \times s_oM_o \;\substack{\longleftarrow\\ \longrightarrow\\ \longrightarrow}\; M_o$$

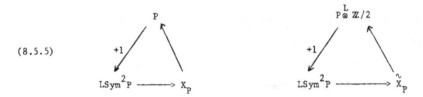

où $s_iM_j = M_j$ pour tout i (resp. $s_1s_oM_o = M_o$), les préfixes s_i servant, suivant la convention de loc. cit., à identifier les facteurs M_i de K(M.) au moyen des opérateurs degénérescence s_i. Les opérateurs faces sont définis de la manière suivante (il est dorénavant entendu qu'une expression telle que $s_i x_j$ désigne l'élément x_j de $s_i M_j = M_j$) :

(8.6.2)
$$d_o(x_1, s_o x_o) = dx_1 + x_o$$
$$d_1(x_1, s_o x_o) = x_o$$
$$d_o(x_2, s_o x_1, s_1 x_1', s_1 s_o x_o) = (dx_2 + x_1\,,\; s_o(dx_1' + x_o))$$
$$d_1(x_2, s_o x_1, s_1 x_1', s_1 s_o x_o) = (x_1 + x_1'\,,\; s_o x_o)$$
$$d_2(x_2, s_o x_1, s_1 x_1', s_1 s_o x_o) = (x_1'\,,\; s_o x_o)\quad .$$

Lorsque l'on applique le foncteur F à chacune des composantes de (8.6.1), et que l'on prend pour différentielle la somme alternée des opérateurs $F(d_i)$ induits par les opérateurs face qui viennent d'être explicités, on obtient un complexe

(8.6.3)
$$F(M_1 \times s_o M_1 \times s_1 M_1 \times s_1 s_o M_o) \longrightarrow F(M_1 \times s_o M_o) \longrightarrow F(M_o)$$

qui réalise le tronqué de LFP. Si l'on quotiente ce complexe par le sous-complexe dégénéré (voir [16] I 1.3.2 (ii)), on obtient un complexe homotopiquement équivalent au précédent.

Supposons maintenant que le foncteur F soit quadratique, c'est-à-dire que le bifoncteur $F_2(\ ,\ )$ défini par

(8.6.4)
$$F(A \times B) \simeq FA \times FB \times F_2(A,B)\ ,$$

qui mesure le défaut d'additivité du foncteur F, soit un foncteur biadditif. Cette hypothèse est vérifiée lorsque F est l'un des foncteurs que nous considérons : ainsi, pour $F = \mathrm{Sym}^2$, P_2^+ ou Γ_2, le bifoncteur $F_2(\ ,\ )$ appelé l'effet croisé de F (= "cross effect", voir [9] § 9) est défini par $F_2(A,B) = A \otimes B$. De même, pour F le foncteur défini par $FA = \overset{2}{\otimes} A$, on a $F_2(A,B) = (A\otimes B) \times (B \otimes A)$. Sous cette hypothèse sur F, il existe une description assez économique du complexe obtenu en quotientant le complexe (8.6.3) par sa partie dégénérée. Pour l'expliciter, il convient tout d'abord de rappeler que, pour F quelconque, la loi d'addition du groupe abélien P de T induit sur le facteur $F_2(P,P)$ de $F(P \times P)$ un morphisme codiagonal

(8.6.5) $$\nabla : F_2(P,P) \longrightarrow F(P\times P) \xrightarrow{F(+)} F(P) .$$

Ainsi, pour $F = \mathrm{Sym}^2$, $\nabla : P\otimes P \longrightarrow \mathrm{Sym}^2(P)$ est la flèche définie par la structure d'algèbre de $\mathrm{Sym}(P)$, et la flèche correspondante pour $F = P_2^+$ ou Γ_2 s'obtient en composant la précédente avec le morphisme α de (8.2.5) (resp. (8.2.9), c'est-à-dire que la codiagonale est définie par les formules (8.2.7), (8.2.10). En termes de celle-ci, le complexe qui représente le tronqué de LFP est le suivant :

(8.6.6)

$$FM_2\times F_2(M_2,s_oM_1\times s_1M_1\times s_1s_oM_o) \times F_2(s_oM_1,s_1M_1) \xrightarrow{\partial_2} FM_1 \times F_2(M_1,s_oM_o) \xrightarrow{\partial_1} FM_o .$$

Des formules (8.6.2), on déduit que les différentielles sont les suivantes : la restriction de ∂_1 au foncteur FM_1 (resp. $F_2(M_1,s_oM_o)$) est $F(d_1)$ (resp. $\nabla\circ F_2(d_1,1)$) (où, dans la discussion qui suit, $d_i : M_{i+1} \longrightarrow M_i$ désigne la différentielle du complexe M., et non l'opérateur face d'un quelconque objet simplicial). De même, la restriction de ∂_2 au foncteur FM_2 (resp. $F_2(s_oM_1 , s_1M_1)$ est $F(d_2)$ (resp. $-\nabla + F_2(1,d_1)$). Enfin, par additivité du bifoncteur F_2, on a la décomposition

(8.6.7) $$F_2(M_2,s_oM_1\times s_1M_1\times s_1s_oM_o) \simeq F_2(M_2,s_oM_1) \times F_2(M_2,s_1M_1) \times F_2(M_2,s_1s_oM_o) ,$$

et l'on vérifie que la restriction de la différentielle ∂_2 à chacun des trois facteurs du terme de droite de (8.6.7) est respectivement $\nabla\circ F_2(d_2,1)$, $F_2(d_2,d_1)$ et $F(d_2,1)$.

<u>Exemple</u> 8.7. Pour $F = P_2^+$, le complexe (8.6.6) s'écrit

$$P^+(M_2) \times (M_2\otimes s_oM_1) \times (M_2\otimes s_1M_1) \times (M_2\otimes s_1s_oM_o) \times (s_oM_1\otimes s_1M_1) \xrightarrow{\partial_2}$$

$$\xrightarrow{\partial_2} P_2^+(M_1) \times (M_1\otimes s_oM_o) \xrightarrow{\partial_1} P_2^+M_o .$$

Avec la notation évidente, les différentielles ∂_1 et ∂_2 sont données par les formules suivantes

$$(8.7.1)\qquad \begin{aligned}
\partial_1(q_2(m_1)) &= q_2(d_1m_1)\\
\partial_1(m_1\otimes s_om_o) &= (d_1m_1).m_o = q_2(d_1m_1+m_o) - q_2(d_1m_1) - q_2(m_o)\\
\partial_2(q_2(m_2)) &= q_2(d_2m_2)\\
\partial_2(m_2\otimes s_om_1) &= (d_2m_2).s_o(m_1) = q_2(d_2m_2+m_1) - q_2(d_2m_2) - q_2(m_1)\\
\partial_2(m_2\otimes s_1m_1) &= d_2m_2\otimes s_o(d_1m_1)\\
\partial_2(m_2\otimes s_1s_om_o) &= d_2m_2\otimes s_om_o\\
\partial_2(s_om_1\otimes s_1m_1') &= -(m_1.m_1') + (m_1\otimes s_od_1m_1')\\
&= q_2(m_1)+q_2(m_1')-q_2(m_1+m_1')+(m_1\otimes s_od_1m_1')\ .
\end{aligned}$$

Lorsque $F = \Gamma_2$, les formules précédentes demeurent valables, à condition de remplacer chaque expression de la forme $q_2(\alpha)$ par $\gamma_2(\alpha)$. Enfin, pour $F = \mathrm{Sym}^2$ la première équation (8.7.1) devient

$$\partial_1(m_1.m_1') = d_1m_1 \,.\, d_1m_1' \ ,$$

la troisième est

$$\partial_2(m_2.m_2') = d_2m_2 \,.\, d_2m_2'$$

les autres étant inchangées (sauf que l'on supprimera le dernier membre de la deuxième, quatrième, et dernière équation).

8.8. A un groupe abélien P de T fixé, nous associons la résolution partielle canonique $M. = M(P)$ qui a été décrite en (8.3.7), et dans ce qui suit, $LP_2^+(P)$ (resp. $L\Gamma_2(P)$) est le complexe décrit en 8.7. Nous sommes maintenant en mesure de définir explicitement un morphisme de complexes $f : X_P \longrightarrow LP_2^+(P)$ (resp. $\tilde{f} : \tilde{X}_P \longrightarrow L\Gamma_2(P)$), ce qui achèvera l'identification des triangles distingués (8.5.1) et (8.5.5). Décrivons séparément le morphisme f sur les facteurs de X_P qui proviennent du complexe M(P) et sur ceux qui proviennent de S'(P) : sur les premiers, f est défini par

$$(8.8.1)\qquad \begin{aligned} f([x]) &= q_2([x]) \\ f([x,y]) &= (q_2([x,y])\ ,\ [x,y]\otimes s_o[x+y]) \\ f([x,y,z]) &= q_2\ ([x,y,z]) + [x,y,z]\otimes(s_1s_o[x] + s_1s_o[y+z] + s_o[x,y+z]) \\ &\quad + s_o[x+y,z]\otimes s_1([x,y] - [y,z]) - s_o([x,y]-[y,z])\otimes s_1[y,z] \\ f([u,v]) &= q_2([u,v]) + [u,v]\otimes(s_1s_o[u] + s_1s_o[v] - s_o[u,v]) \end{aligned}$$

où $[x]$ (resp. $[x,y]$, resp. $[x,y,z]$ et $[u,v]$) désignent des générateurs des composantes de degré 0 (resp. -1, resp. -2) du complexe $M(P)$. De même, sur les facteurs des composantes de X_p qui proviennent du complexe $\dot{S}'(P)$, le morphisme $f : X_P \longrightarrow LP_2^+P$ est défini, avec les notations introduites en 8.3, par

$$(8.8.2)\qquad \begin{aligned} f[x;y] &= [x].[y] = q_2\ ([x+y] - q_2([x]) - q_2([y]) \\ f[x,y;z] &= [x,y]\otimes s_o[z] \\ f[x;y,z] &= [y,z]\otimes s_o[x] \\ f[[x,y]] &= f[[x;y,z]] = f[[x,y;z]] = 0\ . \end{aligned}$$

Le lecteur consciencieux effectuera la fastidieuse vérification que les formules (8.8.1) et (8.8.2) définissent bien un morphisme de complexes $f : X_P \longrightarrow LP_2^+P$ permettant d'identifier les triangles correspondants (8.5.1) et (8.5.5). De la même manière, on définit un morphisme $\tilde{f} : \tilde{X}_P \longrightarrow L\Gamma_2P$ de façon à ce que le diagramme

$$\begin{array}{ccc} X_P & \xrightarrow{\ f\ } & LP_2^+(P) \\ \downarrow & & \downarrow \\ \tilde{X}_P & \xrightarrow{\ \tilde{f}\ } & L\Gamma_2(P)\ , \end{array}$$

(dans lequel la flèche verticale de gauche est induite par le morphisme de complexes naturel $M(P) \longrightarrow M(P,\mathbb{Z}/2)$ et celle de droite par la projection canonique de P_2^+ vers Γ_2) soit commutatif. Ceci revient à dire que sur tous les termes de $\tilde{X}_P$ qui correspondent à des termes de X_P , le morphisme $\tilde{f}$ est défini par les mêmes formules que pour f ci-dessus, l'expression $q_2(\alpha)$ étant remplacée, chaque fois qu'elle intervient par l'expression $\gamma_2(\alpha)$ correspondante. Enfin, sur les générateurs x (resp. $[x,y]$) de facteurs de $\tilde{X}_P$ définis par les termes correspondants de la composante de degré 0 (resp. -1) de la source du morphisme (8.5.2), le morphisme $\tilde{f}$ est défini par

$$\tilde{f}[x] = 0$$
$$\tilde{f}[x,y] = - s_o[x,y] \otimes s_1[x,y] \ .$$

On vérifie à nouveau que $\tilde{f}$ est un morphisme de complexes et qu'il identifie les triangles distingués correspondants (8.5.1) et (8.5.5) entre eux.

Il n'y a maintenant aucune difficulté à interpréter les complexes $t_{\leq o}\ \underline{\mathrm{Rhom}}(LP_2^+(P)\ ,\ H[1])$ et $t_{\leq o}\ \underline{\mathrm{Rhom}}(L\Gamma_2(P)\ ,\ H[1])$. Ceux-ci s'identifient en effet au moyen des flèches induites par f et $\tilde{f}$ aux complexes $t_{\leq o}\ \mathrm{Rhom}(\tilde{X}_P\ ,\ H[1])$ et $t_{\leq o}\ \mathrm{Rhom}(X_P\ ,\ H[1])$ respectivement. Puisque les composantes de X_P et de $\tilde{X}_P$ sont de la forme $\mathbb{Z}[P^s]$, ces derniers s'interprètent géométriquement grâce au dictionnaire [41] XVIII proposition 1.4.15 (déjà utilisé pour démonter la proposition 8.4). Lorsqu'on effectue cette traduction, on trouve :

<u>Théorème</u> 8.9. *Soient* P *et* H *deux groupes abéliens d'un topos* T. *Alors les champs de Picard stricts associés aux complexes* $t_{\leq o}\ \underline{\mathrm{Rhom}}(LP_2^+(P)\ ,\ H[1])$ *et* $t_{\leq o}\ \underline{\mathrm{Rhom}}(L\Gamma_2(P)\ ,\ H[1])$ *sont équivalents aux champs des triples* (L,E,α) *et des quadruples* (L,E,α,β) *définissant respectivement une structure du cube (étendue) et une* Σ*-structure sur le* H*-torseur* L.

<u>Remarque</u> 8.10. Les identifications ont été faites dans la proposition 8.4 et le théorème 8.9 de manière à être compatibles entre elles. Ainsi, aux morphismes de complexes qui interviennent dans les triangles distingués

(8.10.1)

$$\begin{array}{ccc} & \underline{\mathrm{Rhom}}(LSym^2P,H[1]) & \\ {}^{+1}\swarrow & & \nwarrow{}^{\mu} \\ \underline{\mathrm{Rhom}}(P,H[1]) & \xrightarrow{\ \lambda\ } & \underline{\mathrm{Rhom}}(LP_2^+,H[1]) \end{array} \qquad \begin{array}{ccc} & \underline{\mathrm{Rhom}}(LSym^2P,H[1]) & \\ {}^{+1}\swarrow & & \nwarrow{}^{\mu'} \\ \underline{\mathrm{Rhom}}(P\overset{L}{\otimes}\mathbb{Z}/2,H[1]) & \xrightarrow{\ \lambda'\ } & \underline{\mathrm{Rhom}}(L\Gamma_2P,H[1]) \end{array}$$

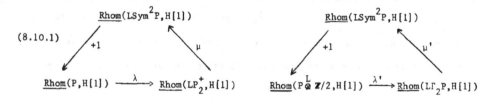

déduits des triangles (8.5.1), correspondent, après troncation, les foncteurs évidents entre les champs décrits par les sommets de ces triangles : à la flèche λ correspond le foncteur $\lambda : \underline{EXT}(P,H) \longrightarrow \underline{CUB}(P,H)$ décrit par la proposition 2.11, qui à une telle extension commutative L, associe le triple $(L,\underline{O},\alpha)$ décrit dans la preuve de cette proposition. De même μ induit le foncteur oubli $\underline{CUB}(P,H) \to \underline{S}(P,H)$ qui associe à un triple (L,E,α) l'objet E de $\underline{S}(P,H)$. Passons au second triangle : λ' associe à une paire (L,β), où L est à nouveau une extension commutative de P par H et β une trivialisation de l'extension induite L^2, le quadruple $(L,\underline{O},\alpha,\beta)$ définissant une Σ-structure sur L. Enfin μ' est le foncteur oubli $\Sigma(P,H) \longrightarrow S(P,H)$ qui envoie (L,E,α,β) vers E.

Passons maintenant aux suites exactes de cohomologie déduites des triangles (8.10.1), ce sont les suites

(8.10.2)

$$0 \longrightarrow \underline{Hom}(P,H) \longrightarrow \underline{Hom}(P_2^+(P),H) \longrightarrow \underline{Hom}(Sym^2P,H) \xrightarrow{\partial^0} \underline{Ext}^1(P,H)$$

$$\longrightarrow \underline{Ext}^1(LP_2^+(P),H) \longrightarrow \underline{Ext}^1(LSym^2(P),H) \xrightarrow{\partial^1} \underline{Ext}^2(P,H) \longrightarrow \dots$$

et

(8.10.3)

$$0 \longrightarrow \underline{Hom}(P/2P\,,H) \longrightarrow \underline{Hom}(\Gamma_2(P),H) \longrightarrow \underline{Hom}(Sym^2P,H) \xrightarrow{\partial^0} \underline{Ext}^1(P\overset{L}{\otimes}\mathbb{Z}/2,H)$$

$$\longrightarrow \underline{Ext}^1(L\Gamma_2(P),H) \longrightarrow \underline{Ext}^1(LSym^2(P),H) \xrightarrow{\partial^1} \underline{Ext}^2(P\overset{L}{\otimes}\mathbb{Z}/2,H) \longrightarrow \dots$$

respectivement. L'interprétation des deux premières flèches non nulles de ces suites résulte immédiatement des définitions. La signification de la partie $\underline{Ext}^1(P,H) \longrightarrow \underline{Ext}^1(LP_2^+(P),H) \longrightarrow \underline{Ext}^1(LSym^2P,H)$ s'obtient par passage aux groupes des classes d'isomorphismes à partir de la discussion plus précise qui vient d'être effectuée au niveau des catégories, et il en est de même pour la partie correspondante $\underline{Ext}^1(P\overset{L}{\otimes}\mathbb{Z}/2,H) \longrightarrow \underline{Ext}^1(L\Gamma_2(P),H) \longrightarrow \underline{Ext}^1(LSym^2P,H)$ de l'autre suite exacte : par exemple, pour $P = A$ un S-schéma abélien et $H = \mathbb{G}_m$, les trois premiers termes de chaque suite sont nuls, et les trois suivants sont bien familiers : ce sont les suites exactes

$$0 \longrightarrow \underline{\mathrm{Ext}}^1(A,G_m) \longrightarrow \underline{\mathrm{Pic}}_{A/S} \longrightarrow \underline{\mathrm{Sym\ Biext}}(A,A\,;\,G_m) \longrightarrow 0$$

$$0 \longrightarrow {}_2A^t \longrightarrow \underline{\mathrm{Sym\ Pic}}_{A/S} \longrightarrow \underline{\mathrm{Sym\ Biext}}(A,A\,;\,G_m) \longrightarrow 0 \quad ;$$

la surjectivité de la seconde flèche résulte de celle de $\underline{\mathrm{Ext}}^2(A \overset{L}{\otimes} \mathbb{Z}/2,G_m)$ vérifiée plus haut (voir la discussion qui précède le corol. 7.13). Revenons au cas général : plus intéressante est l'interprétation des cobords ∂^o et ∂^1. Le cobord ∂^o associe à l'application bilinéaire symétrique $f : P \times P \longrightarrow H$ l'extension à torseur sous-jacent trivial décrite par le système de facteur f, extension dont le carré est trivial puisque le système de facteur $2f(x,y)$ est trivialisé par le cocycle $g(x) = f(x,x)$. L'exactitude de la suite (8.10.2) en $\underline{\mathrm{Ext}}^1(P,H)$ est une forme affaiblie du corollaire 2.12. A titre d'exercice, le lecteur pourra formuler une variante du corollaire 2.12 se rapportant à l'exactitude de la suite (8.10.3) en $\underline{\mathrm{Ext}}^1(P \overset{L}{\otimes} \mathbb{Z}/2,H)$. Remarquons par ailleurs que les cobords ∂^1 ont été décrits géométriquement (sous une forme plus fine, puisqu'il s'agissait d'objets et non de leurs classes d'isomorphismes) au § 7 : ils représentent l'opération qui associe à une biextension symétrique E le champ de Picard à gerbe triviale correspondante $\mathcal{C}$, muni éventuellement de la trivialisation canonique de $2_* \mathcal{C}$. L'exactitude des suites (8.10.2) et (8.10.3) en $\underline{\mathrm{Ext}}^1(\mathrm{LSym}^2(P),H)$ a donc déjà été décrite (par le corollaire 7.9 et la proposition 7.12 respectivement).

§ 9. Théorème du coefficient universel.

9.1. Soient F un foncteur des groupes abéliens de T dans eux-mêmes, et, pour tout groupe abélien P de T, LFP l'objet dérivé considéré au paragraphe précédent. Pour tout $i \geq 0$, on pose $L_i FP = H_i(LFP)$. Pour chacun des foncteurs F considérés plus haut (c'est-à-dire $F = Sym^2$, P_2^+ ou Γ_2), nous allons maintenant évaluer $L_i FP$ pour $i = 0,1$. Le cas où $i = 0$ ne présente aucune difficulté : si $M. \xrightarrow{\varepsilon} P$ est une résolution simpliciale de P, P est un coégalisateur des opérateurs face d_1 et d_o. Puisque les trois foncteurs F mentionnés sont des adjoints à gauche (étant définis par des propriétés universelles) ils préservent les coégalisateurs. On a donc (voir [31] p. 283-284 pour le cas $F = \Gamma_2$) :

Lemme 9.2. *Pour* $F = Sym^2$, P_2^+ *ou* Γ_2 *et* P *un groupe abélien de* T, $L_o FP \stackrel{\sim}{=} FP$.

Passons au cas de $L_1 FP$. On remarquera tout d'abord que le premier triangle (8.5.1) induit pour tout $i > 0$, un isomorphisme

(9.2.1) $$L_i Sym^2 P \stackrel{\sim}{=} L_i P_2^+ P .$$

De même, de la nullité de $Tor_i(P, \mathbb{Z}/2)$ pour $i \geq 2$ et de la suite exacte déduite du second triangle (8.5.1) résulte une suite exacte

$$0 \longrightarrow L_1 Sym^2 P \longrightarrow L_1 \Gamma_2 P \longrightarrow Tor_1(P, \mathbb{Z}/2) \longrightarrow Sym^2 P \longrightarrow \Gamma_2 P \longrightarrow P/2P \longrightarrow 0 .$$

De l'injectivité de la flèche $Sym^2 P \longrightarrow \Gamma_2 P$ mentionnée en (8.2.9), et du calcul de $Tor_1(P ; \mathbb{Z}/2)$, on déduit alors la suite exacte

$$0 \longrightarrow L_1 Sym^2 P \longrightarrow L_1 \Gamma_2 P \longrightarrow {}_2P \longrightarrow 0 .$$

Enfin, si on applique le même raisonnement à la suite exacte (8.3.1), on trouve que la flèche

(9.2.2) $$Tor_1(P,P) \longrightarrow L_1 Sym^2 P ,$$

induite par le théorème d'Eilenberg-Zilber et la projection canonique du produit tensoriel sur le produit symétrique, est surjective.

9.3. Soient P et Q deux groupes abéliens de T. La description suivante de $\mathrm{Tor}_1(P,Q)$ est bien connue dans le cas du topos ponctuel (voir [9] § 11) ; elle précise la discussion de [42] VIII dont les hypothèses sont trop restrictives. Considérons le groupe $\bigoplus_{n\geq 1} {}_nP \otimes_n Q$ où ${}_nP$ désigne comme d'habitude le noyau de la multiplication par n sur P. On le quotiente par le sous-groupe engendré par les relations

$$ma \otimes b = a \otimes i(b)$$
$$i(c) \otimes d = c \otimes md$$

pour des éléments $a,c \in P$ et $b,d \in Q$ tels que $mna = nc = nb = nmd = 0$, $i : {}_nQ \longrightarrow {}_{nm}Q$ (resp. ${}_nP \longrightarrow {}_{nm}P$) désignant l'injection canonique : soit $\tau(P,Q)$ le groupe quotient ainsi obtenu. Considérons maintenant les homomorphismes fonctoriels

$$\alpha^n_{P,Q} : {}_nP \otimes_n Q \longrightarrow \mathrm{Tor}_1(P,Q)$$

définis pour tous groupes abéliens P,Q en loc. cit. VIII 2.1.1. Par le lemme 2.1.11 de loc. cit., ces homomorphismes induisent un homomorphisme

$$\alpha_{P,Q} : \tau(P,Q) \longrightarrow \mathrm{Tor}_1(P,Q) .$$

<u>Lemme</u> 9.4. *La flèche* $\alpha_{P,Q}$ *est un isomorphisme.*

Il suffit en effet de démontrer cet énoncé dans la catégorie des préfaisceaux, ce qui nous ramène au cas ensembliste démontré dans [9] II théorème 11.3.

Considérons maintenant l'application composée

$$L\rho : P \overset{L}{\otimes} P \longrightarrow L \overset{2}{\otimes} P \longrightarrow L\,\mathrm{Sym}^2 P \tag{9.4.1}$$

où la première flèche est celle, mentionnée en 8.1 que décrit le théorème d'Eilenberg-Zilber alors que la seconde est induite par la projection canonique de

$\overset{2}{\otimes}$ vers Sym^2, et soit $L_1\rho : \mathrm{Tor}_1(P,P) \longrightarrow L_1\,\mathrm{Sym}^2\,P$ la flèche (9.2.2) induite en homologie. Fixons une résolution plate M. de P, et explicitons $L\rho$ au niveau des complexes (en choisissant par exemple la réalisation dite "des shuffles" pour la première flèche de (9.4.1)). Le complexe représentant $L\,\mathrm{Sym}^2\,P$ a été explicité dans l'exemple 8.7, ce qui permet d'en faire de même pour la flèche composée

(9.4.2) $$\rho_P^n : {}_nP \otimes {}_nP \xrightarrow{\alpha_{P,Q}^n} \mathrm{Tor}_1(P,P) \xrightarrow{L_1\rho} L_1\mathrm{Sym}^2(P) .$$

Celle-ci admet la description suivante : soient x et y deux sections de ${}_nP$. Puisque $M. \longrightarrow P$ est une résolution, elles se relèvent localement en des sections x_o et y_o de M_o. Les sections nx_o et ny_o se relèvent alors localement en des sections x_1 et y_1 de M_1. La flèche ρ_P^n envoie $x \otimes y$ sur la classe du 1-cycle $x_1 \otimes s_o(y_o) - y_1 \otimes s_o(x_o)$, (où l'on adopte la notation de 8.6 en désignant par $u \otimes s_o(v)$ l'élément de $M_1 \otimes s_o M_o$ défini par le tenseur $u \otimes v \in M_1 \otimes M_o$). On vérifie que cette classe est indépendante des choix effectués et définit bien un morphisme tel que (9.4.2). Il résulte par ailleurs de cette détermination que la flèche ρ_P^n satisfait à

(9.4.3) $$\rho_P^n(x,x) = 0$$

pour tout $x \in {}_nP$. Ainsi, si S(P) désigne le quotient de $\tau(P,P)$ par la relation $a \otimes a = 0$ pour tout $a \in {}_nP$ (pour tout n), l'homomorphisme ρ_P^n se factorise par un homomorphisme fonctoriel

(9.4.4) $$\beta_P : S(P) \longrightarrow L_1\,\mathrm{Sym}^2\,P .$$

Passons maintenant au cas où $F = \Gamma_2$. On dispose maintenant d'une flèche

(9.4.5) $$S(P) \xrightarrow{\beta_P} L_1\mathrm{Sym}^2 P \xrightarrow{L_1\alpha} L_1\Gamma_2 P ,$$

obtenue en composant β_P avec la flèche induite par la flèche $\mathrm{Sym}^2 \xrightarrow{\alpha} \Gamma_2$ décrite en (8.2.7). On définit d'autre part une application quadratique

(9.4.6) $$\psi : {}_2P \longrightarrow L_1\Gamma_2 P$$

en faisant correspondre, avec la notation précédente, à l'élément $x \in {}_2P$ le 1-cycle $-\gamma_2(x_1) + x_1 \otimes s_o(x_o)$, élément de $\Gamma_2(M_1) \times M_1 \otimes s_o M_o$. On vérifie, en se reportant à la définition de ρ_P^2 qui vient d'être donnée, et en utilisant la dernière formule de (8.7.1) pour le foncteur $F = \Gamma_2$, que l'application bilinéaire ${}_2P \times {}_2P \longrightarrow L_1\Gamma_2 P$ associée à ψ n'est autre que ρ_P^2. Ainsi, si on désigne par $R(P)$ le conoyau de la flèche ${}_2P \otimes {}_2P \longrightarrow \Gamma_2({}_2P) \times S(P)$ définie par $x \otimes y \longrightarrow (\gamma_2(s) + \gamma_2(t) - \gamma_2(s+t)\ ,\ \rho_P^2(s,t))$, on déduit des flèches (9.4.5) et (9.4.6) un homomorphisme

$$\partial_P : R(P) \longrightarrow L_1\Gamma_2 P$$

fonctoriel en P.

<u>Proposition</u> 9.5. *Pour tout groupe abélien* P *de* T, *les morphismes* β_P *et* ∂_P *sont des isomorphismes. De plus, l'inclusion naturelle de* S(P) *dans le second facteur du groupe* $\Gamma_2({}_2P) \times S(P)$ *induit par passage un quotient une flèche* $S(P) \longrightarrow R(P)$ *telle que le diagramme*

$$\begin{array}{ccc} S(P) & \longrightarrow & R(P) \\ \beta_P \ \wr\downarrow & & \downarrow\wr \ \partial_P \\ L_1 Sym^2 P & \longrightarrow & L_1\Gamma_2(P) \end{array}$$

commute (la flèche inférieure étant celle induite par l'injection canonique de Sym^2 *dans* Γ_2*).*

La méthode employée est celle de [9]. Nous nous bornerons à demander l'assertion concernant ∂_P, celle qui se rapporte à β_P pouvant s'en déduire (ou se démontrer de manière similaire). On se ramène immédiatement au cas ensembliste et on démontre d'abord la proposition pour P un groupe cyclique. Si P est cyclique d'ordre infini (ou si P est un p-groupe cyclique avec P un nombre premier impair), on vérifie que $R(P) = 0$. De la même manière, si P possède un générateur c d'ordre

2e, alors la classe de $(\gamma_2(2^{e-1}c),0)$ définit un élément non nul d'ordre deux de $R(P)$ qui l'engendre. Examinons maintenant $L_1\Gamma_2(P)$ pour P cyclique : pour $P = \mathbb{Z}$ le choix de la résolution $\mathbb{Z}$-plate réduite à $\mathbb{Z}$ définit un complexe $L\Gamma_2(\mathbb{Z})$ concentré en degré 0, et donc $L_1\Gamma_2(\mathbb{Z}) = 0$, tandis que si l'on fait usage de la résolution $\mathbb{Z} \xrightarrow{n} \mathbb{Z}$ du groupe cyclique $\mathbb{Z}/n\mathbb{Z}$, on constate, en utilisant l'isomorphisme $\mathbb{Z} \simeq \Gamma_2(\mathbb{Z})$ qui envoie 1 vers $\gamma_2(1)$, que le complexe $L\Gamma_2(\mathbb{Z}/n)$ se réduit à

$$0 \longrightarrow \mathbb{Z} \xrightarrow{(-2,n)} \mathbb{Z}\times\mathbb{Z} \xrightarrow{\binom{n^2}{2n}} \mathbb{Z} \longrightarrow 0 .$$

Ainsi $L_1\Gamma_2\mathbb{Z}/n$ est nul lorsque n est premier à E et si $n = 2^e$, le 1-cycle $(-1,2^{e-1})$ image par le morphisme ψ (9.4.6) de l'élément d'ordre 2 de $\mathbb{Z}/n\mathbb{Z}$, définit un élément d'ordre 2 qui engendre $L_1\Gamma_2(\mathbb{Z}/n\mathbb{Z})$.

La proposition est donc démontrée lorsque P est un groupe cyclique. Pour l'en déduire pour P un groupe abélien de type fini quelconque, il suffit de vérifier que les foncteurs $R(\ )$ et $L_1\Gamma_2(\ )$ ont le même comportement par rapport aux sommes directe de groupes abéliens. Celui de R a été examiné en [9] II lemme 22.2, où il est démontré que l'effet croisé $R_2(P,Q)$ de R est naturellement isomorphe à $\mathrm{Tor}(P,Q)$. Mais c'est également le cas du foncteur $L_1\Gamma_2(\ )$: en effet, si $M.$ est une résolution plate de P (resp. $N.$ une résolution plate de Q), $M.\times N.$ en est une de $P\times Q$. Après passage aux objets simpliciaux, on en déduit une décomposition

$$\Gamma_2(M.\times N.) \simeq \Gamma_2 M. \times \Gamma_2 N. \times M.\otimes N. ,$$

c'est-à-dire un isomorphisme

$$L\Gamma_2(P\times Q) \simeq L\Gamma_2 P \times L\Gamma_2 Q \times P \overset{L}{\otimes} Q \tag{9.5.1}$$

d'où un isomorphisme

$$L_1\Gamma_2(P\times Q) \simeq L_1\Gamma_2 P \times L_1\Gamma_2 Q \times \mathrm{Tor}_1(P,Q) . \tag{9.5.2}$$

On laisse au lecteur le soin de vérifier que la flèche induite par ∂_P au niveau des effets croisés est bien la flèche identique sur $\mathrm{Tor}_1(P,Q)$, ce qui termine la démonstration de la proposition pour P un groupe abélien de type fini. Le cas général s'en déduit immédiatement par passage à la limite.

Remarque 9.6.

i) Précisons ici, bien que cela ne nous serve pas par la suite, quelle est la relation entre la discussion précédente et celle de loc. cit. Pour cela, il nous faut revenir à la notation traditionnelle, et écrire $L_iF(P,0)$ plutôt que L_iFP pour les dérivés de P concentré en degré 0 (et plus généralement $L_iF(P,n)$ pour ceux du translaté $P[n]$ de P). Par la formule de décalage de Bousfield-Quillen ([29] 7.21, [16] I 4.3.2.1), il existe des isomorphismes

$$L_1\Gamma_2(P,0) \simeq L_3 \overset{2}{\Lambda} (P,1) \simeq L_5 \operatorname{Sym}^2(P,2)$$

et on sait par [8] Satz 4.16, que le terme de droite s'injecte dans le groupe d'homologie $H_5(K(P,2))$ de l'espace d'Eilenberg-Mac Lane $K(P,2)$. En fait, dans le cas particulier considéré, cette injection est un isomorphisme, et le calcul, dans [9] II théorème 22.1 de ce groupe d'homologie correspond via cette identification, à celui que nous venons d'effectuer directement.

ii) Pour des variantes stabilisées du calcul de $L\operatorname{Sym}^2 P$, $LP_2 P$, on consultera [27], [37] et [38].

iii) Dans un tout autre ordre d'idée, soulignons ici l'importance de l'isomorphisme (9.5.1) (et de son analogue pour P_2^+) résultant de la quadraticité des foncteurs Γ_2 et P_2^+ : lorsqu'on lui applique le foncteur $t_{\leq 0}\, \underline{\mathrm{Rhom}}(-,H[1])$, et que l'on interprète le morphisme obtenu en termes de catégories, on retrouve les théorèmes 3.5 et 5.9.

9.7. La signification géométrique du calcul des foncteurs dérivés L_1FP qui vient d'être effectuée est révélée par la suite exacte du coefficient universel suivante :

$$(9.7.1) \qquad 0 \longrightarrow \operatorname{Ext}^1(FP,H) \xrightarrow{f} \operatorname{Ext}^1(LFP,H) \xrightarrow{g} \operatorname{Hom}(L_1FP,H) \longrightarrow \dots .$$

Nous nous limiterons au cas le plus intéressant, celui où $F = \Gamma_2$, à partir duquel on peut retrouver les cas où $F = P_2^+$ ou Sym^2 (celui où $F = \overset{2}{\otimes}$ a été examiné par Grothendieck dans [42] VIII 1.1). Du théorème 8.9 et de la proposition 9.5, on déduit que si le quadruple (L,E,α,β) définit une Σ-structure sur un H-torseur L au-dessus de P, la flèche g ci-dessus associe à ce quadruple (ou plutôt à sa classe d'isomorphisme) une collection d'applications bilinéaires alternées

$$e_n^L : {}_nP \times {}_nP \longrightarrow H$$

(pour n parcourant les entiers positifs), ainsi qu'une application quadratique

$$e_*^L : {}_2P \longrightarrow H$$

telles que les identitiés

$$e_n^L(mx,y) = e_{nm}^L(x,y) .$$

soient satisfaites pour tout $x \in {}_{nm}P$, $y \in {}_nQ$, et telle que e_2^L soit l'application bilinéaire associée à l'application quadratique e_*^L. On vérifie en se reportant à la définition du morphisme ρ_P^n (9.4.2) que e_n^L n'est autre que le "e_n-pairing" φ_n de [42] VII (2.2.2) défini par la biextension symétrique $\Lambda(L)$ de (P,P) par H. En travaillant avec le complexe $\tilde{X}_P$ défini en (8.5), plutôt qu'avec $L\Gamma_2P$, on s'assure également en explicitant alors l'application qui correspond à ψ (9.4.6), que l'application e_*^L coïncide avec l'application du même nom définie par Mumford dans le cas particulier où P est un schéma abélien et $H = G_m$ (voir [20] I p. 304).

On remarquera que la relation indiquée entre e_*^L et $e_2(\ ,\ )$ a pour conséquence le résultat promis en (4.3) :

<u>Proposition</u> 9.8. *Soient* P *un groupe abélien 2-divisible de* T *et* (L,E,α,β) *un élément de* $\Sigma(P,H)$ *tel que* $e_*^L : {}_2P \longrightarrow H$ *est nulle (on dira alors, en suivant l'usage de loc. cit., que* L *est totalement symétrique). Alors la restriction de* E *(ou, si l'on veut, de* $\Lambda(L)$*) à* ${}_2P \times P$ *est canoniquement trivialisable comme biextension.*

En effet la biextension de $({}_2P,P)$ par H induite par E est décrite par la suite exacte

$$0 \longrightarrow \mathrm{Ext}^1({}_2P\otimes P,H) \longrightarrow \mathrm{Ext}^1({}_2P\overset{L}{\otimes}P,H) \xrightarrow{e_2} \mathrm{Hom}({}_2P\otimes{}_2P,H) .$$

Puisque L est totalement symétrique, e_2 est la flèche nulle ; mais le groupe ${}_2P\otimes P$ est nul, puisque P est 2-divisible.

Voici enfin une proposition qui illustre la différence entre les deux premiers termes de la suite exacte (9.7.1) pour $F = \Gamma_2$. On en trouvera une autre démonstration dans [23] chapitre II lemme 5.2.3.

<u>Proposition</u> 9.8. *Soient* A *un* S*-schéma abélien et* L *un faisceau inversible symétrique sur* A*, muni de sa* Σ*-structure canonique. On suppose que les applications* e_n^L *sont triviales pour tout* n*, ainsi que* e_*^L *. Alors* L *est trivialisable (de manière compatible à sa* Σ*-structure).*

Il suffit en effet, par exactitude de la suite (9.7.1) pour $F = \Gamma_2$, de vérifier que le groupe $\mathrm{Ext}^1(\Gamma_2 A,G_m)$ est nul. Puisque $A/2A = 0$ pour la topologie plate, $\Gamma_2 A$ est isomorphe à $\mathrm{Sym}^2 A$. Or on constate en examinant la suite des Ext associée à la suite exacte (8.3.1), que l'application $\mathrm{Ext}^1(\mathrm{Sym}^2 A,G_m) \longrightarrow \mathrm{Ext}^1(A\otimes A,G_m)$ induite par la projection de $A\otimes A$ vers $\mathrm{Sym}^2 A$ est injective. Considérons maintenant la suite exacte du coefficient universel pour le produit tensoriel de [42] VIII 1.1 :

$$0 \longrightarrow \mathrm{Ext}^1(A\otimes A,G_m) \xrightarrow{f} \mathrm{Ext}^1(A\overset{L}{\otimes}A,G_m) \longrightarrow \dots .$$

Puisque A est divisible (pour la topologie plate), $A\otimes A$ est uniquement divisible, et $\mathrm{Ext}^1(A\otimes A,G_m)$ est donc un $\mathbb{Q}$-vectoriel. Mais le but de f est isomorphe à $\mathrm{Hom}(A,A^t)$, c'est donc un groupe abélien de type fini et l'application f est nécessairement nulle.

Index terminologique

Index des notations

BIBLIOGRAPHIE

[1] I. BARSOTTI, *Considerazioni sulle funzioni thêta*, Istituto Nazionale di alta matematica, Symposia Mathematica Vol. III, Bologna (1970) 247-277.

[2] N. BOURBAKI, *Intégration*, Chapitre 7, Mesures de Haar. Actualités scientifiques et Industrielles 1306, Paris, Hermann.

[3] L. BREEN, *Extensions of abelian sheaves and Eilenberg-Mac Lane algebras*, Invent. Math. 9 (1969), 15-44.

[4] L. BREEN, *Un théorème d'annulation pour certains* Ext^1 *de faisceaux abéliens*, Annales scient. de l'Ec. Norm. Sup. 4ème série, 8 (1975), 339-352.

[5] H. CARTAN, *Algèbres de Eilenberg-Mac Lane et homotopie*, Séminaire Cartan 1954-55 (7ème année), Paris 1956.

[6] V. CRISTANTE, *Theta functions and Barsotti-Tate groups*, Annali della Scuola Normale Superiore di Pisa, Serie IV, 7 (1980), 181-215.

[7] P. DELIGNE, *Théorie de Hodge* III, Publications mathématiques 44 (1975), 5-77.

[8] A. DOLD et D. PUPPE, *Homologie nicht-additiven functoren. Anwendungen*. Ann. Inst. Fourier 11 (1961), 201-312.

[9] S. EILENBERG et S. MAC-LANE, *On the groups* $H(\pi,n)$ II, Ann. of Math. 70 (1954), 49-138.

[10] G. FROBENIUS et L. STICKELBERGER, *Uber die Addition und Multiplication der elliptischen Functionen*, J. für die reine u. angewandte Math. 88 (1880), 146-184 reproduit dans Frobenius, *Oeuvres complètes*, Berlin-Heidelberg-New-York, Springer 1968.

[11] J. GIRAUD, *Cohomologie non abélienne*, Die Grundlehren der mathematischen Wissenchaften in Einzeldarstellungen Band 179, Berlin-Heidelberg-New York, Springer 1971.

[12] A. GROTHENDIECK et J. DIEUDONNÉ, *Eléments de Géométrie Algébrique* chapitre IV, quatrième partie (EGA 4_{IV}) Publications mathématiques 32, Bures-sur-Yvette 1967

[13] A. GROTHENDIECK, *Catégorie cofibrées additives et complexe cotangent relatif*, Lecture Notes in mathematics 79, Berlin-Heidelberg-New York, Springer 1969.

[14] J.-I. HANO, *The complex Laplace-Beltrami operator canonically associated to a polarized abelian variety*, dans *Manifolds and Lie groups* (papers in honor of Y. Matsushima) Progress in Mathematics 14, Boston-Basel-Stuttgart, Birkhäuser 1981.

[15] C.G.J. JACOBI, *Formulae novae in theoria transcendentium ellipticarum fundamentales*, Crelle J. für die reine u. angewandte Math. 15, 199-204, reproduit dans *Gesammelte Werke* Vol. I, 335-341, Berlin, Verlag von G. Reimer 1881.

[16] L. ILLUSIE, *Complexe cotangent et déformations* I, II, Lecture notes in mathematics 239 et 283, Berlin-Heidelberg - New-York, Springer 1971-72.

[17] S. LANG, *Elliptic functions*, Reading Mass., Addison-Wesley Publ. Co., 1973.

[18] J.-P. MAY, *Simplicial objects in algebraic topology*, Van Nostrand Mathematical Studies 11, Princeton N. J., D. Van Nostrand Co. 1967.

[19] D. MUMFORD, *Geometric Invariant Theory*, Ergebnisse der Mathematik und ihrer Grenzgebiete, New Series Vol. 34, New-York, Academic Press, Berlin-Heidelberg-New-York, Springer 1965.

[20] D. MUMFORD, *On the equations defining abelian varieties* I - III, Invent. Math. 1 (1966), 287-354 ; 3 (1967), 75-135 et 215-244.

[21] D. MUMFORD, *Biextensions of formal groups*, dans *Proceedings of the Bombay Colloquium on Algebraic Geometry*, Tata Institute of Fundamental Research Studies in Mathematics 4, London, Oxford University Press 1968.

[22] D. MUMFORD, *Abelian Varieties*, Tata Institute of Fundamental Research Studies in Mathematics 5, London, Oxford University Press 1970.

[23] D. MUMFORD, Article en préparation sur les fonctions thêta.

[24] A. NERON, *Hauteurs et fonctions thêta*, Rendiconti del Seminario Mathematico e Fisico di Milano, XLVI (1976) 111-135.

[25] A. NERON, *Fonctions thêta p-adiques*, Istituto Nazionali di alta matematica, Symposia Mathematica, Vol. XXIV (1981) 315-345.

[26] T. ODA, *The first De Rham cohomology group and Dieudonné modules*, Annales Scient. de l'Ec. Norm. Sup. 2 (1959) 63-135.

[27] I. B. PASSI, *Polynomial functors*, Proc. of the Cambridge Phil. Soc. 66 (1969), 505-512.

[28] I. B. PASSI, *Group rings and their augmentation ideals*, Lectures notes in mathematics 715, Berlin-Heidelberg-New York, Springer, 1979.

[29] D. QUILLEN, *Notes on the homology of commutative rings*, notes multigraphiées, M.I.T., 1968.

[30] M. RAYNAUD, *Faisceaux amples sur les schémas en groupes et les espaces homogènes*, Lecture notes in mathematics 119, Berlin-Heidelberg-New York, Springer 1970.

[31] N. ROBY, *Lois polynômes et lois formelles en théorie des modules*, Annales Sci. de l'Ec. Norm. Sup., 3ème série, 80 (1963), 213-348.

[32] N. SAAVEDRA RIVANO, *Catégories Tannakiennes*, Lecture Notes in Mathematics 265, Berlin-Heidelberg-New York, Springer, 1972.

[33] J.-P. SERRE, *Groupes algébriques et corps de classe*, Actualités Scientifiques et Industrielles 1264, Paris, Hermann 1959.

[34] J.-P. SERRE, *Corps locaux*, Publ. Math. de l'Institut de Mathématiques de l'Université de Nancago VIII, Actualités Scientifiques et Industrielles 1296, Paris, Hermann 1962.

[35] J.-P. SERRE, *Quelques propriétés des groupes algébriques commutatifs*, Appendice II de *Nombres transcendants et groupes algébriques* par M. Waldschmidt, Astérisque 69-70 (1979).

[36] F. SEVERI, *Funzioni Quasi Abeliane*, Vatican, Pont. Acad. Sc., 1974.

[37] D. SIMSON, *Stable derived functors of the second symmetric power functor, second exterior power functor and Whitehead gamma functor*, Colloquium Math. XXXII (1974), 49-55.

[38] D. SIMSON et A. TYC, *Connected sequences of stable derived functors and their applications*, Dissertationes Math. 111 (1974), 1-74.

[39] H.P.F. SWINNERTON-DYER, *Analytic theory of abelian varieties*, London Mathematical Society Lecture Notes Series 14, Cambridge, Cambridge University Press 1974.

[40] M. ARTIN, *Théorème de Weil sur la construction d'un groupe à partir d'une loi rationnelle*, exposé XVIII de *Schémas en groupes* (SGA 3) de M. Demazure et A. Grothendieck, Lecture Notes in Mathematics 151-153, Berlin-Heidelberg-New-York 1970.

[41] *Séminaire de Géométrie Algébrique du Bois Marie* 1963/64 (SGA 4) dirigé par M. Artin, A. Grothendieck, J.-L. Verdier. *Théorie des topos et cohomologie étale des schémas* Tome 3, Lecture Notes in Mathematics 305, Berlin-Heidelberg-New-York, Springer 1973.

[42] *Séminaire de Géométrie Algébrique du Bois-Marie*, 1967-69 (SGA 7) I par A. Grothendieck, Lecture Notes in Mathematics 288, Berlin-Heidelberg-New York, Springer, 1972.

Vol. 817: L. Gerritzen, M. van der Put, Schottky Groups and Mumford Curves. VIII, 317 pages. 1980.

Vol. 818: S. Montgomery, Fixed Rings of Finite Automorphism Groups of Associative Rings. VII, 126 pages. 1980.

Vol. 819: Global Theory of Dynamical Systems. Proceedings, 1979. Edited by Z. Nitecki and C. Robinson. IX, 499 pages. 1980.

Vol. 820: W. Abikoff, The Real Analytic Theory of Teichmüller Space. VII, 144 pages. 1980.

Vol. 821: Statistique non Paramétrique Asymptotique. Proceedings, 1979. Edited by J.-P. Raoult. VII, 175 pages. 1980.

Vol. 822: Séminaire Pierre Lelong–Henri Skoda, (Analyse) Années 1978/79. Proceedings. Edited by P. Lelong et H. Skoda. VIII, 356 pages, 1980.

Vol. 823: J. Král, Integral Operators in Potential Theory. III, 171 pages. 1980.

Vol. 824: D. Frank Hsu, Cyclic Neofields and Combinatorial Designs. VI, 230 pages. 1980.

Vol. 825: Ring Theory, Antwerp 1980. Proceedings. Edited by F. van Oystaeyen. VII, 209 pages. 1980.

Vol. 826: Ph. G. Ciarlet et P. Rabier, Les Equations de von Kármán. VI, 181 pages. 1980.

Vol. 827: Ordinary and Partial Differential Equations. Proceedings, 1978. Edited by W. N. Everitt. XVI, 271 pages. 1980.

Vol. 828: Probability Theory on Vector Spaces II. Proceedings, 1979. Edited by A. Weron. XIII, 324 pages. 1980.

Vol. 829: Combinatorial Mathematics VII. Proceedings, 1979. Edited by R. W. Robinson et al.. X, 256 pages. 1980.

Vol. 830: J. A. Green, Polynomial Representations of GL_n. VI, 118 pages. 1980.

Vol. 831: Representation Theory I. Proceedings, 1979. Edited by V. Dlab and P. Gabriel. XIV, 373 pages. 1980.

Vol. 832: Representation Theory II. Proceedings, 1979. Edited by V. Dlab and P. Gabriel. XIV, 673 pages. 1980.

Vol. 833: Th. Jeulin, Semi-Martingales et Grossissement d'une Filtration. IX, 142 Seiten. 1980.

Vol. 834: Model Theory of Algebra and Arithmetic. Proceedings, 1979. Edited by L. Pacholski, J. Wierzejewski, and A. J. Wilkie. VI, 410 pages. 1980.

Vol. 835: H. Zieschang, E. Vogt and H.-D. Coldewey, Surfaces and Planar Discontinuous Groups. X, 334 pages. 1980.

Vol. 836: Differential Geometrical Methods in Mathematical Physics. Proceedings, 1979. Edited by P. L. García, A. Pérez-Rendón, and J. M. Souriau. XII, 538 pages. 1980.

Vol. 837: J. Meixner, F. W. Schäfke and G. Wolf, Mathieu Functions and Spheroidal Functions and their Mathematical Foundations Further Studies. VII, 126 pages. 1980.

Vol. 838: Global Differential Geometry and Global Analysis. Proceedings 1979. Edited by D. Ferus et al. XI, 299 pages. 1981.

Vol. 839: Cabal Seminar 77 – 79. Proceedings. Edited by A. S. Kechris, D. A. Martin and Y. N. Moschovakis. V, 274 pages. 1981.

Vol. 840: D. Henry, Geometric Theory of Semilinear Parabolic Equations. IV, 348 pages. 1981.

Vol. 841: A. Haraux, Nonlinear Evolution Equations- Global Behaviour of Solutions. XII, 313 pages. 1981.

Vol. 842: Séminaire Bourbaki vol. 1979/80. Exposés 543–560. IV, 317 pages. 1981.

Vol. 843: Functional Analysis, Holomorphy, and Approximation Theory. Proceedings. Edited by S. Machado. VI, 636 pages. 1981.

Vol. 844: Groupe de Brauer. Proceedings. Edited by M. Kervaire and M. Ojanguren. VII, 274 pages. 1981.

Vol. 845: A. Tannenbaum, Invariance and System Theory: Algebraic and Geometric Aspects. X, 161 pages. 1981.

Vol. 846: Ordinary and Partial Differential Equations, Proceedings. Edited by W. N. Everitt and B. D. Sleeman. XIV, 384 pages. 1981.

Vol. 847: U. Koschorke, Vector Fields and Other Vector Bundle Morphisms – A Singularity Approach. IV, 304 pages. 1981.

Vol. 848: Algebra, Carbondale 1980. Proceedings. Ed. by R. K. Amayo. VI, 298 pages. 1981.

Vol. 849: P. Major, Multiple Wiener-Itô Integrals. VII, 127 pages. 1981.

Vol. 850: Séminaire de Probabilités XV. 1979/80. Avec table générale des exposés de 1966/67 à 1978/79. Edited by J. Azéma and M. Yor. IV, 704 pages. 1981.

Vol. 851: Stochastic Integrals. Proceedings, 1980. Edited by D. Williams. IX, 540 pages. 1981.

Vol. 852: L. Schwartz, Geometry and Probability in Banach Spaces. X, 101 pages. 1981.

Vol. 853: N. Boboc, G. Bucur, A. Cornea, Order and Convexity in Potential Theory: H-Cones. IV, 286 pages. 1981.

Vol. 854: Algebraic K-Theory. Evanston 1980. Proceedings. Edited by E. M. Friedlander and M. R. Stein. V, 517 pages. 1981.

Vol. 855: Semigroups. Proceedings 1978. Edited by H. Jürgensen, M. Petrich and H. J. Weinert. V, 221 pages. 1981.

Vol. 856: R. Lascar, Propagation des Singularités des Solutions d'Equations Pseudo-Différentielles à Caractéristiques de Multiplicités Variables. VIII, 237 pages. 1981.

Vol. 857: M. Miyanishi. Non-complete Algebraic Surfaces. XVIII, 244 pages. 1981.

Vol. 858: E. A. Coddington, H. S. V. de Snoo: Regular Boundary Value Problems Associated with Pairs of Ordinary Differential Expressions. V, 225 pages. 1981.

Vol. 859: Logic Year 1979–80. Proceedings. Edited by M. Lerman, J. Schmerl and R. Soare. VIII, 326 pages. 1981.

Vol. 860: Probability in Banach Spaces III. Proceedings, 1980. Edited by A. Beck. VI, 329 pages. 1981.

Vol. 861: Analytical Methods in Probability Theory. Proceedings 1980. Edited by D. Dugué, E. Lukacs, V. K. Rohatgi. X, 183 pages. 1981.

Vol. 862: Algebraic Geometry. Proceedings 1980. Edited by A. Libgober and P. Wagreich. V, 281 pages. 1981.

Vol. 863: Processus Aléatoires à Deux Indices. Proceedings, 1980. Edited by H. Korezlioglu, G. Mazziotto and J. Szpirglas. V, 274 pages. 1981.

Vol. 864: Complex Analysis and Spectral Theory. Proceedings, 1979/80. Edited by V. P. Havin and N. K. Nikol'skii. VI, 480 pages. 1981.

Vol. 865: R. W. Bruggeman, Fourier Coefficients of Automorphic Forms. III, 201 pages. 1981.

Vol. 866: J.-M. Bismut, Mécanique Aléatoire. XVI, 563 pages. 1981.

Vol. 867: Séminaire d'Algèbre Paul Dubreil et Marie-Paule Malliavin. Proceedings, 1980. Edited by M.-P. Malliavin. V, 476 pages. 1981.

Vol. 868: Surfaces Algébriques. Proceedings 1976–78. Edited by J. Giraud, L. Illusie et M. Raynaud. V, 314 pages. 1981.

Vol. 869: A. V. Zelevinsky, Representations of Finite Classical Groups. IV, 184 pages. 1981.

Vol. 870: Shape Theory and Geometric Topology. Proceedings, 1981. Edited by S. Mardešić and J. Segal. V, 265 pages. 1981.

Vol. 871: Continuous Lattices. Proceedings, 1979. Edited by B. Banaschewski and R.-E. Hoffmann. X, 413 pages. 1981.

Vol. 872: Set Theory and Model Theory. Proceedings, 1979. Edited by R. B. Jensen and A. Prestel. V, 174 pages. 1981.

Vol. 873: Constructive Mathematics, Proceedings, 1980. Edited by F. Richman. VII, 347 pages. 1981.

Vol. 874: Abelian Group Theory. Proceedings, 1981. Edited by R. Göbel and E. Walker. XXI, 447 pages. 1981.

Vol. 875: H. Zieschang, Finite Groups of Mapping Classes of Surfaces. VIII, 340 pages. 1981.

Vol. 876: J. P. Bickel, N. El Karoui and M. Yor. Ecole d'Eté de Probabilités de Saint-Flour IX – 1979. Edited by P. L. Hennequin. XI, 280 pages. 1981.

Vol. 877: J. Erven, B.-J. Falkowski, Low Order Cohomology and Applications. VI, 126 pages. 1981.

Vol. 878: Numerical Solution of Nonlinear Equations. Proceedings, 1980. Edited by E. L. Allgower, K. Glashoff, and H.-O. Peitgen. XIV, 440 pages. 1981.

Vol. 879: V. V. Sazonov, Normal Approximation – Some Recent Advances. VII, 105 pages. 1981.

Vol. 880: Non Commutative Harmonic Analysis and Lie Groups. Proceedings, 1980. Edited by J. Carmona and M. Vergne. IV, 553 pages. 1981.

Vol. 881: R. Lutz, M. Goze, Nonstandard Analysis. XIV, 261 pages. 1981.

Vol. 882: Integral Representations and Applications. Proceedings, 1980. Edited by K. Roggenkamp. XII, 479 pages. 1981.

Vol. 883: Cylindric Set Algebras. By L. Henkin, J. D. Monk, A. Tarski, H. Andréka, and I. Németi. VII, 323 pages. 1981.

Vol. 884: Combinatorial Mathematics VIII. Proceedings, 1980. Edited by K. L. McAvaney. XIII, 359 pages. 1981.

Vol. 885: Combinatorics and Graph Theory. Edited by S. B. Rao. Proceedings, 1980. VII, 500 pages. 1981.

Vol. 886: Fixed Point Theory. Proceedings, 1980. Edited by E. Fadell and G. Fournier. XII, 511 pages. 1981.

Vol. 887: F. van Oystaeyen, A. Verschoren, Non-commutative Algebraic Geometry, VI, 404 pages. 1981.

Vol. 888: Padé Approximation and its Applications. Proceedings, 1980. Edited by M. G. de Bruin and H. van Rossum. VI, 383 pages. 1981.

Vol. 889: J. Bourgain, New Classes of $\mathcal{L}^p$-Spaces. V, 143 pages. 1981.

Vol. 890: Model Theory and Arithmetic. Proceedings, 1979/80. Edited by C. Berline, K. McAloon, and J.-P. Ressayre. VI, 306 pages. 1981.

Vol. 891: Logic Symposia, Hakone, 1979, 1980. Proceedings, 1979, 1980. Edited by G. H. Müller, G. Takeuti, and T. Tugué. XI, 394 pages. 1981.

Vol. 892: H. Cajar, Billingsley Dimension in Probability Spaces. III, 106 pages. 1981.

Vol. 893: Geometries and Groups. Proceedings. Edited by M. Aigner and D. Jungnickel. X, 250 pages. 1981.

Vol. 894: Geometry Symposium. Utrecht 1980, Proceedings. Edited by E. Looijenga, D. Siersma, and F. Takens. V, 153 pages. 1981.

Vol. 895: J.A. Hillman, Alexander Ideals of Links. V, 178 pages. 1981.

Vol. 896: B. Angéniol, Familles de Cycles Algébriques – Schéma de Chow. VI, 140 pages. 1981.

Vol. 897: W. Buchholz, S. Feferman, W. Pohlers, W. Sieg, Iterated Inductive Definitions and Subsystems of Analysis: Recent Proof-Theoretical Studies. V, 383 pages. 1981.

Vol. 898: Dynamical Systems and Turbulence, Warwick, 1980. Proceedings. Edited by D. Rand and L.-S. Young. VI, 390 pages. 1981.

Vol. 899: Analytic Number Theory. Proceedings, 1980. Edited by M.I. Knopp. X, 478 pages. 1981.

Vol. 900: P. Deligne, J. S. Milne, A. Ogus, and K.-Y. Shih, Hodge Cycles, Motives, and Shimura Varieties. V, 414 pages. 1982.

Vol. 901: Séminaire Bourbaki vol. 1980/81 Exposés 561–578. III, 299 pages. 1981.

Vol. 902: F. Dumortier, P.R. Rodrigues, and R. Roussarie, Germs of Diffeomorphisms in the Plane. IV, 197 pages. 1981.

Vol. 903: Representations of Algebras. Proceedings, 1980. Edited by M. Auslander and E. Lluis. XV, 371 pages. 1981.

Vol. 904: K. Donner, Extension of Positive Operators and Korovkin Theorems. XII, 182 pages. 1982.

Vol. 905: Differential Geometric Methods in Mathematical Physics. Proceedings, 1980. Edited by H.-D. Doebner, S.J. Andersson, and H.R. Petry. VI, 309 pages. 1982.

Vol. 906: Séminaire de Théorie du Potentiel, Paris, No. 6. Proceedings. Edité par F. Hirsch et G. Mokobodzki. IV, 328 pages. 1982.

Vol. 907: P. Schenzel, Dualisierende Komplexe in der lokalen Algebra und Buchsbaum-Ringe. VII, 161 Seiten. 1982.

Vol. 908: Harmonic Analysis. Proceedings, 1981. Edited by F. Ricci and G. Weiss. V, 325 pages. 1982.

Vol. 909: Numerical Analysis. Proceedings, 1981. Edited by J.P. Hennart. VII, 247 pages. 1982.

Vol. 910: S.S. Abhyankar, Weighted Expansions for Canonical Desingularization. VII, 236 pages. 1982.

Vol. 911: O.G. Jørsboe, L. Mejlbro, The Carleson-Hunt Theorem on Fourier Series. IV, 123 pages. 1982.

Vol. 912: Numerical Analysis. Proceedings, 1981. Edited by G. A. Watson. XIII, 245 pages. 1982.

Vol. 913: O. Tammi, Extremum Problems for Bounded Univalent Functions II. VI, 168 pages. 1982.

Vol. 914: M. L. Warshauer, The Witt Group of Degree k Maps and Asymmetric Inner Product Spaces. IV, 269 pages. 1982.

Vol. 915: Categorical Aspects of Topology and Analysis. Proceedings, 1981. Edited by B. Banaschewski. XI, 385 pages. 1982.

Vol. 916: K.-U. Grusa, Zweidimensionale, interpolierende Lg-Splines und ihre Anwendungen. VIII, 238 Seiten. 1982.

Vol. 917: Brauer Groups in Ring Theory and Algebraic Geometry. Proceedings, 1981. Edited by F. van Oystaeyen and A. Verschoren. VIII, 300 pages. 1982.

Vol. 918: Z. Semadeni, Schauder Bases in Banach Spaces of Continuous Functions. V, 136 pages. 1982.

Vol. 919: Séminaire Pierre Lelong – Henri Skoda (Analyse) Années 1980/81 et Colloque de Wimereux, Mai 1981. Proceedings. Edité par P. Lelong et H. Skoda. VII, 383 pages. 1982.

Vol. 920: Séminaire de Probabilités XVI, 1980/81. Proceedings. Edité par J. Azéma et M. Yor. V, 622 pages. 1982.

Vol. 921: Séminaire de Probabilités XVI, 1980/81. Supplément: Géométrie Différentielle Stochastique. Proceedings. Edité par J. Azéma et M. Yor. III, 285 pages. 1982.

Vol. 922: B. Dacorogna, Weak Continuity and Weak Lower Semicontinuity of Non-Linear Functionals. V, 120 pages. 1982.

Vol. 923: Functional Analysis in Markov Processes. Proceedings, 1981. Edited by M. Fukushima. V, 307 pages. 1982.

Vol. 924: Séminaire d'Algèbre Paul Dubreil et Marie-Paule Malliavin. Proceedings, 1981. Edité par M.-P. Malliavin. V, 461 pages. 1982.

Vol. 925: The Riemann Problem, Complete Integrability and Arithmetic Applications. Proceedings, 1979-1980. Edited by D. Chudnovsky and G. Chudnovsky. VI, 373 pages. 1982.

Vol. 926: Geometric Techniques in Gauge Theories. Proceedings, 1981. Edited by R. Martini and E.M.de Jager. IX, 219 pages. 1982.